营

北京中轴线文化游典

巨匠神工

北京非物质文化遗产保护中心
组织编写

朱祖希 著

北京出版集团
北京出版社

图书在版编目（CIP）数据

营城：巨匠神工 / 北京非物质文化遗产保护中心组织编写；朱祖希著. — 北京：北京出版社，2021. 10
（北京中轴线文化游典）
ISBN 978-7-200-16170-0

I. ①营… II. ①北… ②朱… III. ①城市规划—介绍—北京 IV. ①TU984. 21

中国版本图书馆CIP数据核字（2021）第008407号

北京中轴线文化游典
营城
巨匠神工
YINGCHENG
北京非物质文化遗产保护中心　组织编写
朱祖希　著
*
北　京　出　版　集　团
北　京　出　版　社　出版
（北京北三环中路 6 号）
邮政编码：100120
网　址：www.bph.com.cn
北京伦洋图书出版有限公司发行
北京九天鸿程印刷有限责任公司印刷
*
787毫米 × 1092毫米　16开本　17.5印张　206千字
2021年10月第1版　2023年7月第2次印刷
ISBN 978-7-200-16170-0
定价：79.80 元
如有印装质量问题，由本社负责调换
质量监督电话：010-58572393

“北京中轴线文化游典”
编委会

主　　编　陈　冬

副主编　庞　微

执行主编　杨良志　张　迁　姜婷婷　刘子军
安　东　刘庆华

编　　委　（按姓氏笔画排序）
王　越　孔繁峙　白　杰　朱祖希
李建平　杨　澄　张　勃　张永和
张妙弟　张宝秀　周家望　宗春启
赵　书　赵东勋　韩　扬

编　　辑　（按姓氏笔画排序）
肖　潇　陈　华　珊　丹　赵海涛
莫　箫　高　琪　彭丽丽　魏小玲

总 序

“一城聚一线，一线统一城”，北京中轴线南端点在永定门，北端点在钟楼，位居北京老城正中，全长7.8千米。在中轴线上有城楼、御道、河湖、桥梁、宫殿、街市、祭坛、国家博物馆、人民英雄纪念碑、人民大会堂、景山、钟鼓楼等一系列文化遗产。北京中轴线自元代至今，历经750余年，彰显了中华民族守正创新、与时俱进的文脉传承，凸显着北京历史文化的整体价值，已经成为中华文明源远流长的伟大见证。

北京中轴线是北京城市的脊梁与灵魂，蕴含着中华民族深厚的文化底蕴、哲学思想，也见证了时代变迁，体现了大国首都的文化自信。说脊梁，北京中轴线是中华民族都市规划的杰出典范，是北京城市布局的脊梁骨，对整座城市肌理（街巷、胡同、四合院）起着统领作用，北京老城前后起伏、左右对称的建筑或空间的分配都是以中轴线为依据的；说灵魂，北京中轴线所形成的文化理念始终不变，尚中、居中、中正、中和、中道、凝聚、向心、多元一统的文化精神始终在中轴线上延续。由此，北京中轴线既是历史轴线，又是发展轴线，还是北京建设全国文化中心的魅力所在、资源所在、优势所在。

北京中轴线是活态的，始终与北京城和中华民族的发展息息相关。在历史长河风云变幻中，一些重大历史事件都发生在中轴线上，同时中轴线始终有社会生活的烟火气，留下了京城百姓居住、生活的丰富印迹。这些印迹既有物质文化遗产，又有非物质文化遗产；这些印迹不仅有古都文化特色，还有对红色文化的展现、京味文化的弘扬、创新文化的彰显。中轴线就像一个大舞台，包括皇家宫殿、士大夫文化、市民生活，呈现开放包容、丰富多彩、浓厚的京味，突出有方言、饮食、传说、工艺、科技以及各种文学、艺术等。时至近现代，在中轴线上还有展现中华民族革命斗争的历史建筑和社会主义现代化建设的红色文化传承。今天，古老的中轴线正从历史深处昂扬走向璀璨的未来，在传统文化与现代文明的滋养中焕发出历久弥新的时代风采。

北京中轴线是一张“金名片”，传承保护好以中轴线为代表的历史文化遗产是首都的职责，也是每一个市民的责任。以文塑旅，以旅彰文，“北京中轴线文化游典”是一套以学术为支撑，以普及为目的，以文旅融合为特色，以“游”来解读中轴线文化的精品读物。这套读物共 16 册，以营城、建筑、红迹、胡同彰显古都风韵，以园林、庙宇、碑刻、古狮雕琢文明印迹，以商街、美食、技艺、戏曲见证薪火相传，以名人、美文、译笔、传说唤起文化拾遗。书中既有对北京城市整体文化的宏观扫描，又有具体而精微的细节展现；既有活跃在我们生活中的文化延续，也有留存于字里行间的珍贵记忆。

本套丛书自规划至今已近 3 年，很多专家学者在充分的交流与研讨中贡献了真知灼见，为丛书的编辑出版提供了宝贵建议。在此，我们对所有参与课题调研、交流研讨的专家学者以及众多编者、作者表示感谢。

“让城市留住记忆，让人们记住乡愁。”北京中轴线的整体保护与传承，不仅是推进全国文化中心建设的重要举措，更是我们这一代人的历史责任与使命。只有正确认识历史，才能更好地开创未来。要讲好中轴线上的中国故事、传递好中国声音、展示好中国形象，使这条古都的文化之脊活力永延。我们希望“北京中轴线文化游典”的问世，能让历史说话，让文物说话，让专家说话，让群众说话，陪伴您在游走中了解北京中轴线的历史文化内涵，感知中轴线上的文化遗产，体验首都风范、古都风韵、时代风貌，不断增强文化获得感，共筑中国梦。

李建平

2021 年 4 月

目　录

前 言

向世界宣示“天人协和理万邦”

北京中轴线申遗的前期工作，正在紧锣密鼓地进行着。能列入《世界遗产名录》自然是一件值得庆贺、值得自豪的事。而且，在此前北京已有六项文化遗产列入了《世界遗产名录》。它们是长城（1987）、明清故宫（1987）、周口店北京人遗址（1987）、颐和园（1998）、北京皇家祭坛（1999）、明清皇家陵寝（2003）。

世界遗产之所以与各个国家的遗产不同，是因为其价值是超越国界的，必须在全世界的背景下讨论。或者说“《保护世界文化和自然遗产公约》只是保护那些从国际观点看具有最突出价值的遗产。不应该认为某项具有国家和 / 或区域重要性的遗产会自动列入《世界遗产名录》”。

2012 年在《保护世界文化和自然遗产公约》问世四十周年之际，北京中轴线被列入《中国世界文化遗产预备名录》。那么，对于我们大众而言，北京中轴线到底是什么？它是怎样产生，又是怎样演进，最后形成了这条贯通北京全城的中轴线？既然它是统领北京老城的脊梁，那么它又将如何保护和管理，如何与北京老城的整体保护相结合？我们又该如何去观赏？……

本书拟就上述诸多问题做一点阐述。

明清北京城是中国历代都城的最后结晶，北京城又是一座拥有三千多年建城史、八百六十多年建都史的历史文化古都，而被称为“城之脊梁”的北京中轴线，则是向世界宣示中华多民族大一统“天人协和理万邦”的治国理念。其历史源远流长、文化积淀深厚。限于学识水平，疏漏之处在所难免，谨请阅读此书的朋友不吝赐教。

朱祖希

2020 年 8 月

第一辑

营城篇

正阳桥　盛锡珊绘

我们的祖先为什么选择这里

选择最适合自己生产、生活、繁衍子孙的所在地，应该说是人类的本能。尤其选择作为国家都城的所在地，更是要“审时度势”，慎之又慎。古人说：“古之王者，择天下之中而立国”，而且是“凡立国都，非于大山之下，必于广川之上。高毋近旱，而水用足；下毋近水，而沟防省。因天材，就地利”。而在远古时期，黄河流域具有得天独厚的自然地理条件：温暖湿润的气候、纵横交错的河流、星罗棋布的湖泊，以及松散肥沃的土壤……这便是黄河流域成为中华文明摇篮的重要物质基础。而在中国两千多年的封建社会中，前一千年的政治文化中心始终在中原地区，且总是沿着长安—洛阳—开封这一东西向的轴线呈徘徊式的移动；后一千多年，中国的政治文化中心，才逐步向东南方向的长江中下游地区移动，之后又转移到了今天的北京。

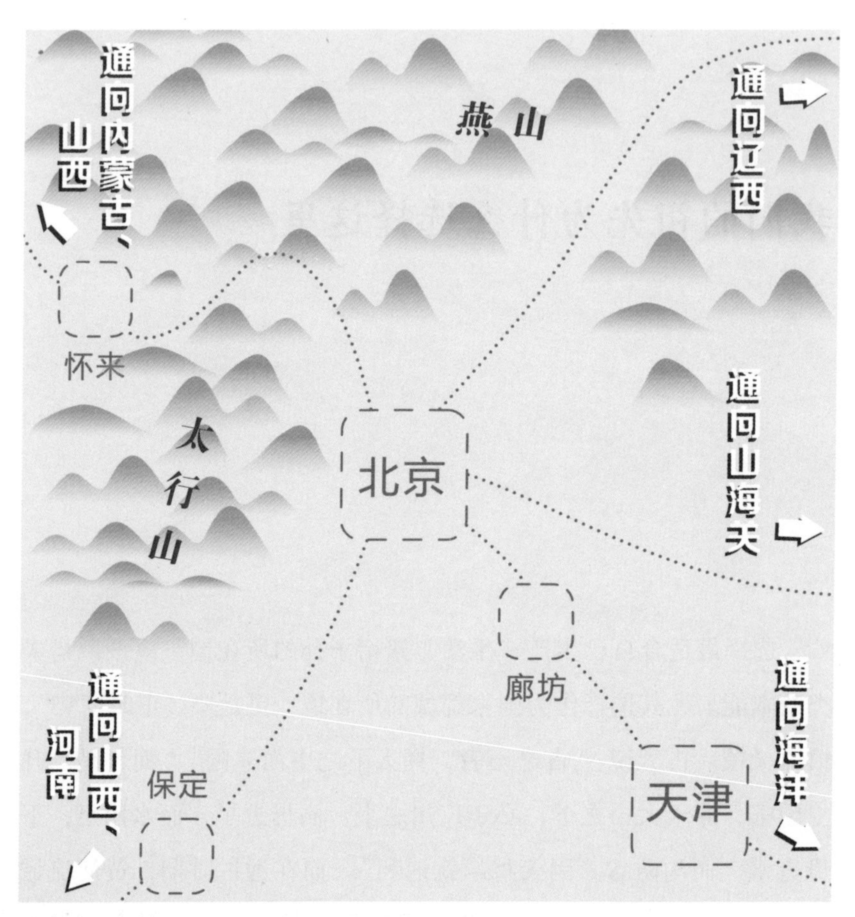

北京湾示意图

人类历史发展的事实证明，人类最初的文明总是首先在河套地区开始发展的。尼罗河流域、两河流域（即底格里斯河和幼发拉底河所形成的美索不达米亚平原）、印度河流域是这样，中国的黄河流域、长江流域也是这样。这是因为，这些由河流冲积而成的平原地区，不仅地势平坦，而且土壤肥沃，雨量也适中，从而会首先发展农耕作业，并进而出现城市。广阔的平原又正是其发展所需要的空间。

北京，位于我国华北大平原的北端，地处东北平原、内蒙古高原、华北平原三个不同自然地理单元的交会部。由西南而来的太行山山脉，层峦叠嶂，绵亘数百千米；燕山山脉屏障其北，峻岭崇山，巍峨壮丽；其东南一面便是坦荡辽阔的华北平原。

源自山西、内蒙古，流经河北、北京、天津的永定河，切穿了北京西北山地的重峦叠嶂，在今三家店附近出山并荡涤于平原之上。永定河与源自燕山山地的潮白河、温榆河等共同铸就了一个面积颇为广阔的洪、冲积扇。这便是人们在日后所见的“北京小平原”。

自西向东绵延起伏的燕山山脉，横亘在北京小平原的北部，它与南来的太行山山脉，在南口的关沟附近相交会，形成了一个弧形的湾。其状若围屏，只在东南一面开向平原。这样就在地貌上形成了一个半封闭的“海湾”，人们称它为北京湾。

正是这个水甘土厚、水源丰沛的北京湾成了北京城孕育、萌生、发展的摇篮。以后的事实也证明，北京城在其发展过程中虽也有所迁徙，但都没有离开过永定河所形成的洪、冲积平原。

著名的历史地理学家、北京大学教授，被人们誉为“北京通”的侯仁之先生曾经对我们这样讲过：对于北京，只有了解它的过去，才能更好地理解它的现在，并展望它的未来。

在城市的发展过程中，北京经历了由原始聚落、方国诸侯领地的中心城邑、中原统一政权在中国北方的军事重镇、辽朝的陪都南京城、金朝中都城、中国多民族大一统政权的首都元大都城、明清北京

俯瞰中轴线中段

城。它所承载的是中华五千年的文明，承载的是中国都城发展的最后结晶。

北京位于华北大平原的北端，地处中原的农耕文化与北方的游牧文化、渔猎文化相交集的地带。在燕山山脉南麓和太行山山脉东麓成长起来的本土文化，既受到中原文化的渗透，也受到北方草原文化、渔猎文化的不断冲击。其文化始于何时，城市产生于何时、何地，又遵循着一条什么样的轨迹发育、成长？

“历史悠久，延绵不断，逐步升级”，这句话既为我们概括了北京城成长的历程，也是我们一直在探索和研究的内容。

蓟城，北京的起源地

夏商时期是中国奴隶社会的开端，北京地区进入奴隶社会大约也是在这个时期。当夏商王朝在中原进行统治的时期，也正是在今北京地区和河北省北部，北方各族在这里聚居的时期，且出现了许多奴隶制小国。燕和蓟便是早在商代就存在于北京地区的两个自然生长起来的小国。

公元前 1046 年即周文王死后的第四年春，周武王在牧野（今河南淇县）誓师，率兵车三百乘，虎贲（勇士）三千人，并联合诸多方国伐纣，经孟津（今河南孟州）攻入纣都——朝歌（今河南鹤壁市），灭商，建立了周王朝，定都于镐（今陕西西安市西北，沣河东岸）。但是，周王朝在灭商之际，其疆域虽已达汉江、长江，西至今甘肃，东北至今辽宁、山东、江苏，但在燕山南北还有不少北方部族并未立即归服于武王麾下。为了控制北方地区，武王便拟用原来的燕、蓟两国，在幽燕地区建立起自己的据点。《礼记·乐记》云："武王克殷反商，未及下车而封黄帝之后于蓟。"《史记·燕召公世家》又云："周武王之灭纣，封召公于北燕。"《史记·周本纪》还说："武王追思先圣王，乃褒封……帝尧之后于蓟……封召公奭于燕。"

关于周初被封于蓟的黄帝的后人，目前尚无可稽考，仅知其建都于蓟城。周初蓟城的位置虽多有歧义，但据郦道元《水经注》和考古发掘看，其遗址应在今广安门一带，且"蓟、燕二国俱武王立，因燕山、蓟丘为名，其地足自立国。蓟微燕盛，乃并蓟居之，蓟名遂绝焉"，"其城自为燕都以来，至于北魏，一直相沿未变"。我们从众多的考古发掘资料，可大致归纳如下：燕都蓟城西起今会城门北蜂窝一线，东至牛街、右安门内大街一线，东西长约三千米；北起头发胡同一线，南至明清北京城外城南垣内侧一线，南北长约四千米。

蓟城内之宫城则在广安门以南。1957年，北京的文物考古工作者在广安门外桥南七百米处，曾发现有战国和战国以前的文化遗址。古文化层厚达一米以上，并有大量饕餮纹半瓦当等战国宫室构件出土。出土器物年代最早者接近于西周时代。由此可知，不仅周初所封蓟国都城当即营筑于此，战国时期燕人迁蓟当亦先居于此，而后以此为基础进行扩建，并一直沿袭至辽金时期。南线阁街北口，清末称"燕角儿"，很有可能即为辽南京城宫城东北角燕角楼之所在，并由此而判定蓟城宫城之东垣在南线阁街以西，北垣在广安门内、外大街之南，而宫城之西垣则在今手帕口南街一线以东，南垣在今白纸坊西街以北。其形制当亦如外城作东西扁长方形，规模在一平方千米左右。宫城之北为燕市，这不仅是因为此种布局符合"面朝后市"之

蓟城纪念柱

制，而且今广安门内、外大街和白云路交会处，亦正是蓟城“南通齐赵，东北边胡”之路的交会点。

1995 年 10 月，中国科学院院士、历史地理学家、北京大学教授侯仁之先生，为矗立在今广安门立交桥北侧滨河公园内的“蓟城纪念柱”题写了《北京建城记》（2002 年修改）：

北京建城之始，其名曰蓟。《礼记·乐记》载，孔子授徒曰：“武王克殷反商，未及下车而封黄帝之后于蓟。”《史记·燕召公世家》称：“周武王之灭纣，封召公于北燕。”燕在蓟之西南约百里。春秋时期，燕并蓟，移治蓟城。蓟城核心部位在今宣武区，地近华北大平原北端，系中原与塞上来往交通之枢纽。

蓟之得名源于蓟丘。北魏郦道元《水经注》有记曰："今城内西北隅有蓟丘，因丘以名邑也，犹鲁之曲阜、齐之营丘矣。"证以同书所记蓟城之河湖水系，其中心位置宜在今宣武区广安门内外。

蓟城四界，初见于《太平寰宇记》所引《郡国志》，其书不晚于唐代，所记蓟城"南北九里，东西七里"，呈长方形。有可资考证者，即其西南两墙外，为今莲花河故道所经；其东墙内有唐代悯忠寺，即今法源寺。

历唐至辽，初设五京，以蓟城为南京，实系陪都。今之天宁寺塔，即当时城中巨构。金朝继起，扩建其东西南三面，改称中都，是为北京正式建都之始。惜其宫阙苑囿湮废已久，残留至今者惟鱼藻池一处，即今宣武区之青年湖。

金元易代之际，于中都东北郊外更建大都。明初缩减大都北部，改称北平；其后展筑南墙，始称北京；及至中叶，加筑外城，乃将古代蓟城之东部纳入城中。历明及清，相沿至今，遂为我人民首都之规划建设奠定基础。

综上所述，今日北京城起源于蓟，蓟城之中心在宣武区。其地承前启后，源远流长。立石为记，永志不忘。时在纪念北京建城之三千又四十年。

公元一九九五年十月

侯仁之　撰文

二零零二年七月再作修改

幽州城，中国北方的军事重镇

秦灭六国，结束了诸侯长期割据的局面，建立了我国历史上第一个统一的多民族的君主集权的国家。秦朝的版图包括黄河、长江和珠江的中下游流域；在东北地区，则是承袭了旧日燕国的疆土，把统治范围一直伸展到了现在的辽河下游和整个辽东半岛。原先燕国的故都——蓟城，成为一个由华北平原进入北部和东北地区的重要城镇。

蓟城虽然从过去燕国的领地中心，转为秦王朝北方军事重镇和交通枢纽，但因其所处的地理位置，在汉族统一封建国家和东北地区少数部族之间的关系上，仍起着非常重要的作用。可以这样说，在自秦汉到隋唐为止的一千多年间，每当中原的汉族统治者政权稳固，势力强大，内足以镇压农民的反抗，外足以发展势力、开拓疆土的时候，就必定要以蓟城作为经略东北的基地；反之，每当中原的汉族统治者内部争斗剧烈，游牧民族就常常乘机内侵，于是蓟城又成为汉族统治者军事防守的重镇；而一旦防守失效，东北地区游牧部族的统治者侵入之后，蓟城因为地处华北大平原的门户，遂成为双方统治者的必争之地，甚至还会成为入侵者进一步南下的据点。这期间也经常会出现一些比较安定的局面，于是蓟城又会很快地发展起来，成为中国北部的一个经济贸易中心，并促进汉族与北方游牧部族之间物资和文化的交流。

秦都咸阳，其统治范围东至大海，南至五岭，在北方的广大地区，与当时的少数民族——匈奴、东胡、肃慎等游牧部族接壤。秦始皇嬴政为了巩固其中央集权的封建统治，便以咸阳为中心，在全国修筑驰道。驰道宽五十步（约一百米），如《汉书·贾山传》所言："东穷燕齐，南极吴楚。江湖之上，濒海之观毕至。道广五十步，三丈而树，厚筑其外，隐以金椎，树以青松。"这就是说，北端以蓟城为中心，向东经渔阳而达碣石（秦皇岛）、辽阳；向北经今密云的古北口而达承德、宁城；向西北经军都县过居庸关抵达云中、上郡。毫无疑义，驰道的修筑，不仅加强了中央政权对地方的政治控制，促进了南北的经济贸易往来，而且更具有重要的军事上的意义。

与此同时，为了抵御北方匈奴等游牧部族的南侵，秦始皇又命大将蒙恬主持，驱使由军士、民夫、囚徒组成的近百万的劳力（几占全国总人口的二十分之一），自西北临洮（今甘肃岷县）起，大体沿着战国时代秦、赵、燕所筑的旧长城至东北的辽东，筑长城万余里，今北京城西北的居庸关，乃是长城的一个重要关口，古代北京西北的屏障。"居庸关"之名取自"徙居庸"一词，传说秦始皇修筑长城时将强迫征来的民夫士卒徙居于此，故而古文献中有"徙居庸"的记载。

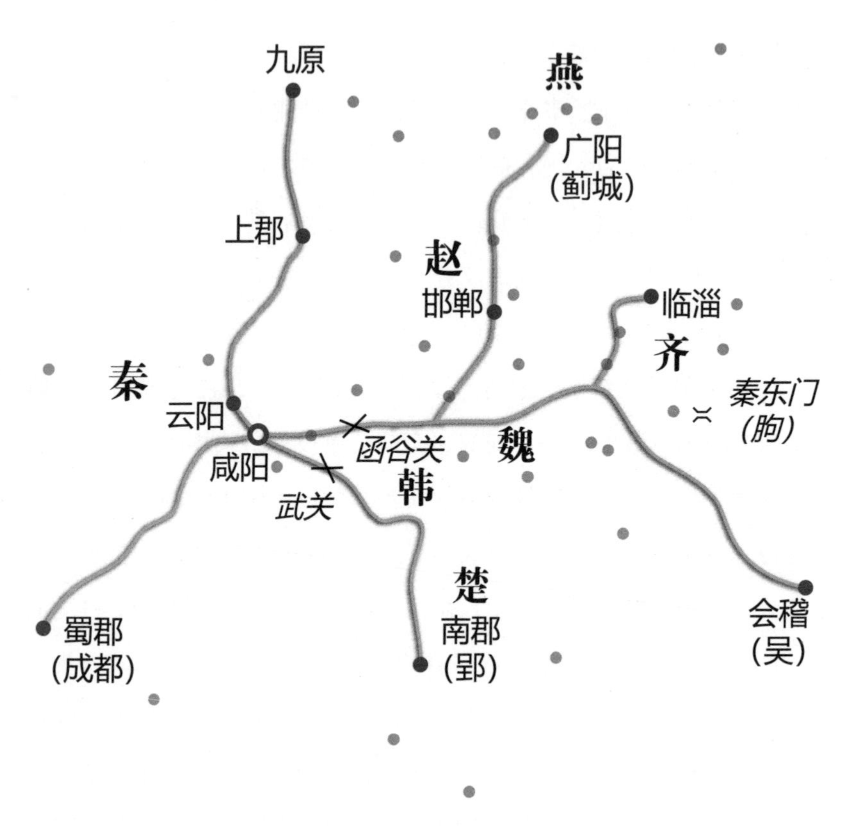

秦驰道示意图

这里形势险要，为历代兵家必争之地，修长城时成为一个重要关口。

司马迁在《史记·货殖列传》中这样描写蓟城一带的形势："夫燕亦勃、碣之间一都会也，南通齐（今山东）、赵（今河北省南部），东北边胡……有鱼盐枣栗之饶。北邻乌桓、夫余（在今内蒙古东部和辽宁以北、吉林一带），东绾秽貉、朝鲜、真番（都在今朝鲜半岛北部）之利。"它扼要地说明了蓟城在我国北方的重要经济地位和军事

宁夏中卫市秦长城遗址

形势。秦代的广阳郡治蓟城，在西汉时实行郡国并行制度。广阳地区有时为封国，有时为郡，共辖四县。蓟城既是这里的政治中心，也是汉族与少数民族进行经济贸易活动的中心。当时，中原和东北游牧部族之间的贸易往来相当频繁。这里的市场除了出售本地所产的农产品和手工业产品之外，还有来自中原各地的布帛、漆器和来自乌桓、夫余、秽貉、朝鲜、真番的皮毛、牲畜及其他产品。蓟城的金属制品、粮、布、盐等，也由此转销到东北地区。隋开凿的永济渠，其南段利用黄河支流沁水（今沁河），使其分流东北与清河、淇河相连，再从东北入白沟；北段则利用沽河（今白河）和一段桑干河（今永定河），凿成运河。这样，河南地区的来船，就可以经永济渠直达蓟城。

隋朝时蓟城为涿郡治所；唐初改涿郡为幽州，治所仍在蓟城，因此蓟城又称幽州。隋炀帝和唐太宗都曾利用蓟城的战略地位，将其作为向东北征讨的军事基地。早在隋朝开皇四年（584），为运关东之粟，隋文帝命宇文恺自大兴城（长安）东至潼关开广通渠。

隋朝大业年间，隋炀帝开凿了以东都洛阳为中心的运河，西通长安，南达余杭（杭州），北至涿郡。

隋炀帝于大业元年（605）自洛阳蒗荡渠故渎至山阳（今江苏淮安），开凿通济渠，利用邗沟和淮水，把长江与黄河沟通起来。其目的是广收江淮之粟以供关中。之后于大业四年（608）又开凿永济渠，并利用现在河南省西部的沁水，南通黄河，北达涿郡蓟城。其目的是为远征辽东运输军用物资。不过其通达蓟城的最后一段，并不是经由所谓的北运河（即潮白河下游故道），而是沿着永定河（时称桑干河）的故道（即今北京城南的凉水河）直抵蓟城南郊。

《隋书·炀帝纪上》载:“（大业）四年（608）春正月乙巳，诏发河北诸郡男女百余万凿永济渠，引沁水，南达于河，北通涿郡。”这就是隋炀帝令阎毗修建的“北通涿郡（蓟城），南达于河”的永济渠。

就在永济渠开凿以后三年即大业七年（611），隋炀帝亲自领兵，远征高丽。其时远在江都（今江苏省扬州市）的船只可直接抵达蓟城，所经行的正是这条水道。当时征调的兵马辎重都集中到蓟城。“发江淮以南民夫及船，运黎阳洛口诸仓米至涿郡，舳舻相次千余里。”大业八年（612）正月又有记载说:“四方兵皆集涿郡，凡一百一十三万三千八百人，号二百万，其馈运者倍之。宜社于南桑干

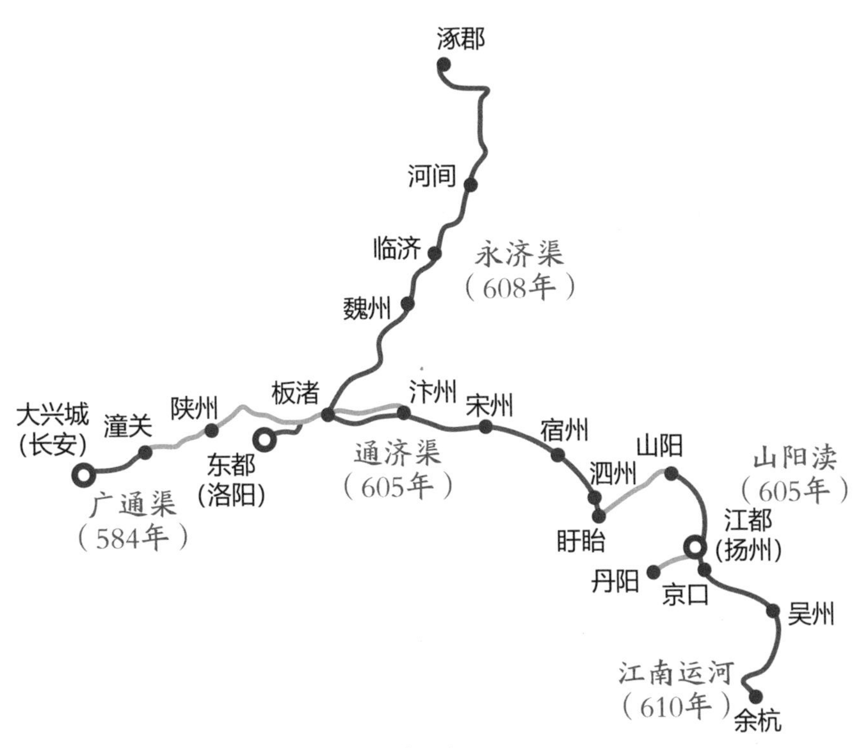

隋运河分布示意图

水上，类上帝于临朔宫南，祭马祖于蓟城北。”可悲的是这次规模浩大的军事行动，是以隋朝军队的彻底失败而告终的。在此之后，隋炀帝又曾发动两次征服高丽的战争，但亦均以失败告终。

不仅如此，隋炀帝还在隋大业六年（610）开凿江南运河。即从与邗沟南端的江都隔岸相望的京口（镇江）至余杭的运河，这样便使永济渠、通济渠、邗沟、江南运河连通一气。这便是中国历史上有名的“大运河”。大运河进一步沟通了南北经济、文化，但由于随后发动的征辽战争终归于失败，其作用并未得到充分发挥。到了唐代，大运河才真正发挥了其沟通南北经济、文化的作用，即“在隋之民，不胜其害，在唐之民，不胜其利也”。唐代由于把幽州城与江淮、关东的富庶之区联系了起来，幽州的商贸往来比往日更为繁盛。所谓“自九河之外，复有淇（永济渠）、汴（通济渠），北通涿郡之渔商，南通江都（扬州）之转输，其为利也博哉”。唐代江南地区的经济已经相当发达，江都更是著名的商贾城市。江淮以南的椒、笋、粳米、茶叶以及布帛沿着运河源源不断地北上，也极大地刺激了唐代幽州商业经济的发展。

在唐代，幽州地区的农业生产有了很大的发展，尤其是在开元、天宝年间。幽州的私人手工业也逐渐发展，绫、绢、绵等相当有名，且成为贡品。铁的开采和冶炼也是幽州城的重要手工业生产部门之一。农业和手工业的发展，活跃了幽州的城市经济和商业贸易，各行各业十分发达，城区北部设有商业和手工业区，称为幽州市。市设各类店铺，见于房山云居寺唐代石经题记中的有三十多种行业：米行、白米行、粳米行、屠行、肉行、染行、油行、布行、五熟行、果子行、椒笋行、炭行、生铁行、磨行、绢行、大绢行、小绢行、彩绢行、绵行、丝织行、幞头行、靴行、杂货行、新货行等。

当时从幽州至都城长安可经太行山东麓南下，或进娘子关，经太原，或经洛阳西行抵达。这两条路线的沿途都有店肆、驿站，以便商旅的往来。而从幽州到东北，则可经古北口出长城至奚王牙帐（今辽宁宁城东），亦可沿燕山南麓东行出山海关至东北，还可以出居庸关至妫州和山西北部。水路可由永济渠从幽州直达洛阳，或从海上通往江南、东北各地。发达的交通和幽州的地理位置，决定了幽州在唐代国内和国外商业贸易上的重要地位。它是内地商品输出和北部、东北部地区商品输入的集散地。马匹、皮毛等关外畜产品源源不断地涌入这里，再由这里输往我国中原和江南各地；内地的粮食等农产品、铁器等手工业产品，乃至文化典籍则由这里输往我国东北和高丽。所以，在幽州集中了不少胡商和高丽商人。当时的范阳节度使安禄山曾这样描写："分遣商胡诣诸道贩鬻，岁输珍货数百万。"可见，当时的

《胡人备马图》（唐）

法源寺悯忠阁

胡汉贸易是相当可观的。

隋朝之后的唐朝国势强盛，唐太宗曾于贞观十八年（644）出兵远征高丽。当时除去海上一路大军外，他还亲自统率主力，从陆路经蓟城直赴辽东，并在蓟城南郊誓师。结果唐朝大军遭到了高丽军队的顽强抵抗，加之天寒地冻，粮草不济，将士阵亡不少，而被迫撤退，无功而返。唐太宗退兵蓟城之后，为了安抚军心，便在蓟城东城墙内偏南的地方，建造一座悼念阵亡将士的庙宇，名悯忠寺，即今法源寺。史书曾有“悯忠高阁，去天一握”的文字记载。

到唐开元、天宝年间，河运已经不能满足幽州经济生活的需求。于是，又开海运，即从山东登、莱二州自海道将百货运至幽州。唐朝著名诗人杜甫的《后出塞》一诗中有这样的描写："渔阳豪侠地，击鼓吹笙竽。云帆转辽海，粳稻来东吴。越罗与楚练，照耀舆台躯。"《昔游》又云："幽燕盛用武，供给亦劳哉！吴门转粟帛，泛海陵蓬莱。"这些诗歌生动地描绘了江南财货给幽州带来的繁荣景象。

隋唐时期的幽州城，作为封建王朝控制东北少数民族地区的重镇，已具有封建社会城市的一般特点。

幽州城是仿照隋时都城大兴城改建而成的。

据《旧唐书·地理志二》载："自晋至隋，幽州刺史皆以蓟为治所。"实际上自汉代就已经如此。东汉初年朱浮为幽州刺史，治蓟城；东汉末年刘虞为幽州牧，亦治蓟城。唐玄宗开元十八年（730）分割幽州东部的渔阳、玉田、三河三县另置蓟州（今天津市蓟州）。此后"蓟"的名称便用来表示今天天津的蓟州，原来的幽州蓟城大多称幽州城，而少称蓟。

《太平寰宇记》引《郡国志》载："蓟城南北九里，东西七里，开十门。"唐幽州城是一座南北略长、东西略短的城池，其周三十二唐里，约合十二千米。其东垣在今西城区烂缦胡同（旧称烂面胡同）和法源寺之间的南北一线；南垣在今姚家井以北，白纸坊东西大街一线；西垣在莲花河（古洗马沟）过甘石桥以下河道的东侧和会城门村以东至原北京钢厂东侧的南北一线；北垣在今白云观至西单南头发胡同一线。头发胡同原有受水河（原名臭水河），往西与白云观北墙外的小河相连，即为唐幽州城北城壕。

幽州城内有子城之设。据史料记载，这种设置始于南北朝时期。唐代各州军府于城内筑子城已成为常制。幽州城内子城设于城内西南

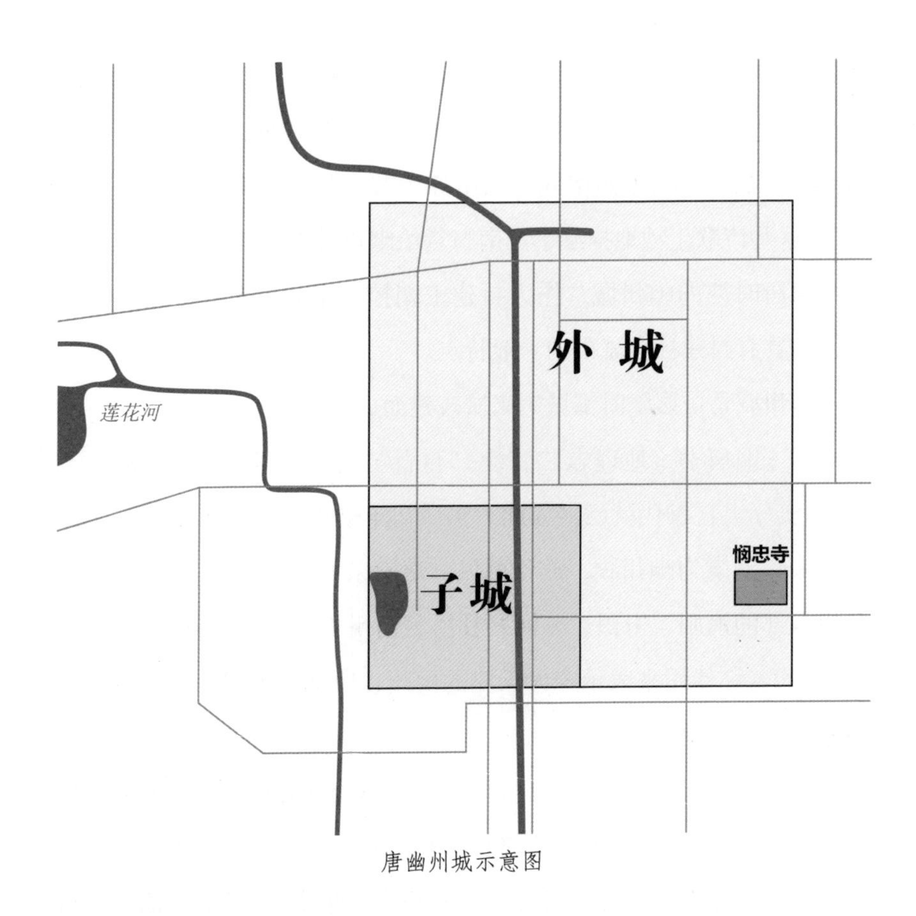

唐幽州城示意图

隅。其东、北向城垣在城内；南、西向城垣傍幽州城垣。

采师伦《重藏舍利记》碑称，子城有东门。估计北面也有一门。《太平寰宇记》等称，幽州城“开十门”。如果除去子城的二门，则唐幽州城的外城应有八门，即东、西、南、北四方各开二门。这也与《辽史·地理志》中所记载的辽南京（即幽州城）的城门数相一致。

按我国古代城市的一般规划，对应的两座城门之间应有直道相通，全城街道呈棋盘状。幽州城十座城门中有八座为幽州外城的城门，即每面城垣各开两座城门。另两座城门则为子城的城门：一在子城东垣，即子城东门；一在子城北垣，即子城北门（略称为“子北门”）。这两座城门均在幽州城内，而子城南门和子城西门，同时也是幽州城的城门。城内的道路分布呈棋盘状。由于大城有八座城门，所以全城有东西向主道两条，南北向主道两条；在主干道之间另有小巷通行。

“里坊”是唐代城市的基本单位，是一个呈封闭状态的居民区。其制乃承袭秦汉时的“闾里”制度，其名称定于隋。

坊的格局为“田”字形，即棋盘形。四面有坊墙，各开一门，相对两门之间有巷相通，呈十字交叉形。幽州城共二十六坊。其坊名是：罽宾坊、卢龙坊、蓟宁坊、肃慎坊、铜马坊、花严坊、蓟北坊、燕都坊、军都坊、招圣坊、归仁坊、劝利坊、时和坊、平朔坊、遵化坊、显忠坊、棠阴坊、辽西坊、东通圜坊、归化坊、隗台坊、永平坊、北罗坊、齐礼坊、归厚坊、玉田坊。

坊门晨启夜闭，闭门后禁止夜行，违者谓之犯夜。唐律规定“犯夜者笞廿”。每年只有正月十五开放宵禁一日，许人观灯。后来改为三日。这三日“金吾弛禁，特许夜行”。幽州城的这种制度一直沿用至辽、金。

幽州城内还有纵横贯通的经略军街、燕州街、檀州街等，有总管幽州地区和幽州城的军事、政治事务的衙署、官邸。唐幽州城盛时拥有居民一万余户，人口六万余人。

南京城，辽朝的陪都

在北京的城市发展史上，辽代的南京（也称燕京）是一个重要阶段。因为正是从这时开始，北京从一个北方军事重镇向政治、文化中心城市转变，揭开了北京首都地位的序幕。

《备猎图》（辽）

契丹是我国北方的一个游牧民族，其祖先为东胡人。战国时期，东胡在燕国东北一带活动，并与燕国发生过摩擦和冲突。汉初，东胡为匈奴所灭，以后分为乌桓、鲜卑等部。契丹是鲜卑的一支，最初生活在潢河（今西辽河上游西拉木伦河）和土河（今老哈河）流域。

契丹早期对幽燕地区作战的主要目的是进行掠夺，并未有长期占领的打算。但到辽太祖耶律阿保机登基之后，随着国家的建立，契丹在对待幽州的态度上也发生了明显的转变，即从一般的掠夺转为攫取土地、占领城池。

事实上，辽太宗耶律德光野心勃勃，其军事目标不仅是燕云地区，而且是整个中原。他之所以升幽州为南京，正是想把这里当作一个前哨，以便继续进击中原。幽燕地区人口稠密，农业经济发达，物产丰饶，其经济文化和生产发展水平远远高于契丹本部，将幽州建为陪都——南京，也就更有利于统治广大汉族居住的地区。可以这样说，如果没有燕云（燕京，云中即大同）地区，没有辽南京城的设置，便不可能有辽代的兴盛，当然也会直接影响到以后金、元等朝的南北交融和全国的大一统。所以，契丹升幽州为南京，对北京这个古老的城市来说，是在其历史的发展中揭开了新的一页。

辽以幽州为南京，不仅是将其作为陪都，而且它还起着统领整个幽燕地区的作用。《辽史·百官志》载："以国制治契丹，以汉制待汉人。"当时辽朝中央政府实行"南北院"的双轨制，南院治理新占领的汉族地区。仿效宋朝设枢密院，设中书省、门下省、尚书省；地方政权亦设州、县两级，州设刺史，县设县令。辽占幽州就是要把它作为南方的一个政治中心，以经营南侵事务。因此，辽朝在这里设置了南京道。

南京道是辽朝人口最多的地区，计有 24.7 万户，人口有 100 多万。南京城郊人口约 30 万。从其民族成分来看，有汉、契丹、奚、渤海、室韦、女真等，但仍以汉族为主，契丹人次之。

叶隆礼《契丹国志》记:“南京户口三十万，大内壮丽。城北有市，陆海百货聚于其中。僧居佛寺，冠于北方。锦绣组绮，精绝天下。膏腴蔬蓏果实稻粱之类，靡不毕出，而桑柘麻麦羊豕雉兔，不问可知。水甘土厚……既筑城后，远望数十里间，宛然如常，回环缭绕，形势雄杰，其用武之国也。”

辽南京城的位置在今北京西城区广安门内外一带，沿袭幽州旧城。其北垣在今白云观西北不远处至受水河胡同（旧称臭水河胡同，今西长安街南侧不远处）一线；东垣在今西城区烂缦胡同和法源寺东侧至校场五条一线；西垣在今白云观西侧；南垣在今右安门内西街。其城周长约二十三里。由于久为军事重镇，所以城墙高大而坚实。

关于辽南京城的城门,《辽史 · 地理志》载:“南京城有八门：东曰安东（东面偏北之门，简称东北门）、迎春（东南门）；南曰开阳（南东门）、丹凤（南西门）；西曰显西（西南门）、清晋（西北门）；北曰通天（北西门）、拱辰（北东门）。”另据《辽史 · 太宗纪下》载:“会同三年（940）四月，辽太宗耶律德光至燕，备法驾，入自拱辰门。”如上所述，拱辰门即辽南京北东门。耶律德光自塞外西行入东北口，经牛栏山，渡白河而向西南行，正直入此门。考证证明，辽南京城不但城池沿袭唐幽州城之旧，其城门名称也多承袭旧号。如辽南京城东北门称安东，意即“安抚其东”之渤海国人。幽州之东即是契丹之地，因此，契丹人不可能在此立安东门。在幽州地,“安东”只可能是“安抚”包括契丹在内的“东夷”之意。此外,“开阳坊”当得自唐幽州城的开阳坊；清晋门的名称亦仍旧；迎春、丹凤等门大约也是仿唐长安、洛阳宫苑的名称而定的。如唐长安大明宫的正门称丹凤门，辽南京城丹凤门的方位正与之相仿。又如，唐洛阳的城郭的东中门称建春门，神都苑的东南门称望春门，与其相对应的称迎秋门。辽南京的迎春门和唐洛阳的建春门、望春门，命名意义一致，且都在城东南隅，亦显示出沿袭唐城的痕迹。

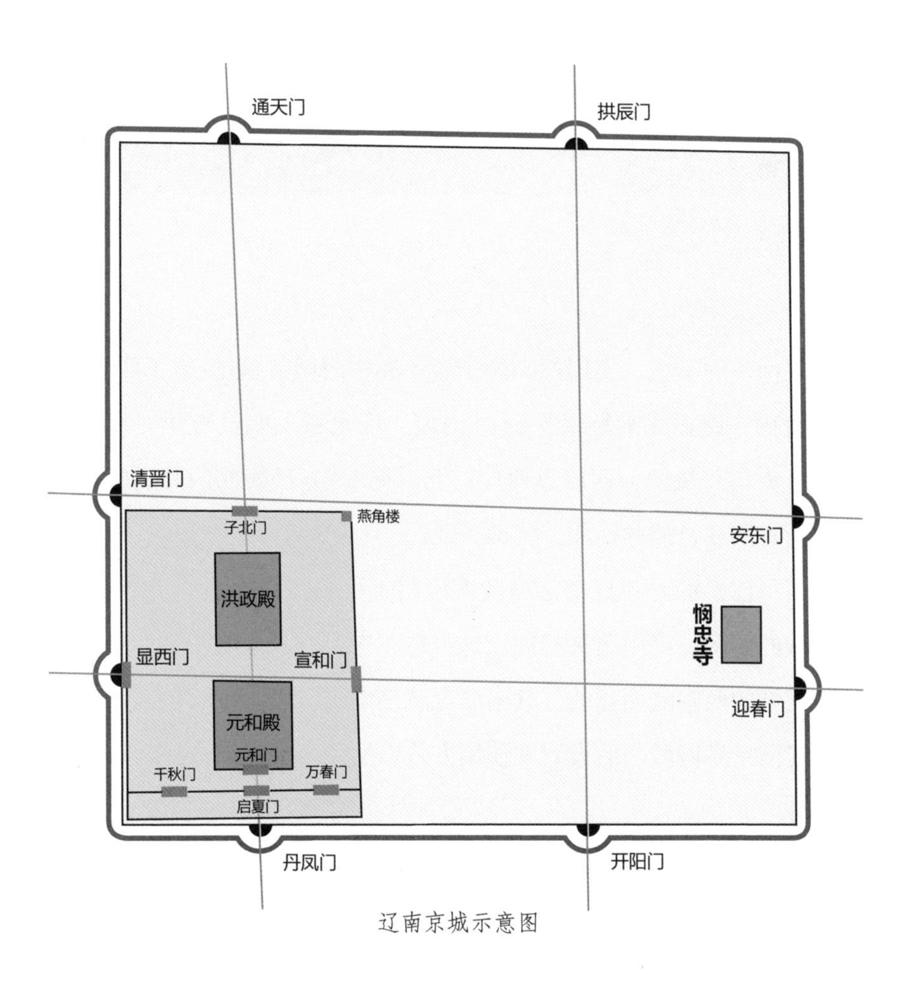

辽南京城示意图

《卓歇图》中的契丹大汗

辽南京的皇城，实即原幽州子城（亦称内城）。皇城建于西南隅，俗称大内。路振《乘轺录》云：“内城（即皇城）幅员五里，东曰宣和门，南曰丹凤门，西曰显西门，北曰衙北门。”衙北门乃唐幽州节度使衙署所在，故称衙北，实即子北门。

值得注意的是，辽南京城的西南门也称显西，南西门也称丹凤，与皇城的西门、南门名称相同。这也再一次证明，辽南京城的皇城是傍着大城的西南隅而建的，其南墙也就是南京城垣。

辽南京皇城城门的设置和使用方式，反映了契丹族文化与汉文化的融合。

一般的城市，皇城在城正中偏北，而辽南京的皇城却在西南。这是因为南京城西南自古燕国始便是宫殿区，后来又是幽州藩镇衙署。

唐朝中期，安禄山叛乱，史思明在幽州称帝，这里已变为临时的小皇城；五代初刘守光建大燕，又在此增修宫室。辽太宗会同三年（940）修建凉殿时在“皇城西南堞”。可见这座子城和其中的宫殿在割让幽州前已经存在。契丹人不大拘泥于中原礼数，占领幽州之初又没有进行大规模改建，于是利用原来的子城和宫室作为自己的皇城。这种设置，避免了割断城市主要交通干线。

《辽史·地理志》载:“内门（殿门）曰宣教”“外三门（宫门）曰南端、左掖、右掖”。辽圣宗统和二十四年（1006）改“南京宫宣教门为元和门”“左掖门为万春，右掖门为千秋”，南端门改称启夏门。其北的外朝门——元和门，犹如清紫禁城的太和门，其内即正殿元和殿。契丹族限于唐、五代幽州城子城的旧格局，同时又受汉族“面南而王”文化观念的强烈影响，宫殿皆面南而立，并以南门（元和门、启夏门）为正门。但在皇城四门的实际功能上,“内城三门不开，只从宣和门出入”。而宣和门是辽南京城东门，这是因为契丹族有拜日之俗，以东为上。

皇城的正门启夏门两侧有两个小门，即左掖门和右掖门。左掖门后改名为万春，右掖门后改名为千秋。皇城平日只开东门宣和门出入，其余门一般不开，内有巍峨的宫室殿堂、楼台。早在唐代，幽州子城就有紫微殿、听政楼、逍遥楼。辽太宗于会同元年（938）入燕，曾在元和殿理事，可见元和殿也是以前旧有。燕京归辽后，宫殿更为完备，除原有宫殿外，又有永兴宫、积庆宫、延昌宫、章敏宫、长宁宫、崇德宫、兴圣宫、永昌宫、延庆宫、太和宫、延和宫；还有清凉殿、嘉宁殿；又有景宗、圣宗两座御容殿；并有五花楼、五凤楼、迎月楼、乾文阁、天膳堂等。在这些宫殿中，元和殿是皇帝莅临南京城举行大典的地方。皇帝平时在这里接见群臣，打了胜仗在此受百官朝贺。皇帝御试进士的典礼也在这里举行。

皇城西南角还建有凉殿，东北隅有燕角楼。《辽史·地理志》载：辽南京城“西城巅有凉殿，东北隅有燕角楼”。今北京西城区广安门以东不远处的南线阁、北线阁，据明人张爵《京师五城坊巷胡同集》记，今南线阁在明时称燕角儿。线阁是燕角儿的转音。因此，该“燕角儿”应是辽燕角楼的遗址。具体来说，今日的南线阁稍东、地势较高的老君台，即可能是燕角楼的基址。而由燕角楼的方位，我们可以大致推测出辽南京皇城的东界，即在今北京西城区菜园街南线阁偏东的南北一线。

丹凤门外是契丹皇室的球场。契丹人善于骑射，素以马上击鞠，即所谓马球为戏。辽统和四年（986）十月，圣宗幸南京，“甲子，上

女马球俑

与大臣分朋击鞠”，即在丹凤门外球场进行。不仅如此，由于这里毗邻皇城，所以南京城的几起重大政治事件都发生在这里。辽末，保大二年（1122），金军南下逼近南京城，天祚帝出居庸关西奔，辽南京城储臣立秦晋国王耶律淳为帝，号宣宗。同年六月，耶律淳崩，太尉李处温欲挟持萧后降宋，四军大王萧斡“先集辽骑三千，陈于球场，会百官，议立燕王（淳）妻萧氏为皇太后，权主军国事”，萧太后遂即位。同年十二月，金军攻陷辽南京城。金主阿骨打遣使催促（辽南京）宰相文武官僚僧道父老出丹凤门，球场内投降，“皆拜服罪”。

丹凤门外、球场之东有永平馆，是辽朝接待宋使的驿馆。宋使王曾的《上契丹事》云：“南门外永平馆，旧名碣石馆，请和后易之。”即是说永平馆原名碣石馆，宋辽澶渊之盟（1004）以后改称永平馆，取永久太平之意。

辽南京皇城内有数座宫殿，乃契丹主巡幸南京时的驻跸之所。契丹主经常在这里举行朝贺、议政和邀宴等活动。《辽史·太宗纪下》载：会同三年（940）四月庚子，辽太宗至南京，“入自拱辰门，御元和殿，行入阁礼。壬子，御便殿，宴晋及诸国使。壬戌，御昭庆殿，宴南京群臣”。

综合史书记载，辽南京皇城内有元和殿、昭庆殿、便殿、内殿、嘉宁殿、弘政殿、紫宸殿等，还有供奉辽景宗耶律贤、圣宗耶律隆绪二帝御像的两座御容殿。

元和殿当为皇宫内的正殿。《辽史·仪卫志四·仪仗》载：“会同三年（940），上（指辽太宗）在蓟州（今天津市蓟州区）观导仪卫图，遂备法驾幸燕，御元和殿，行入阁礼。”《辽史·太宗纪下》也有同样的记载。《五代史》曾有记:“唐制，前殿谓之衙，有仪仗。便殿谓之阁，无仪仗。”辽太宗既入元和殿而行入阁礼，其处为正殿当无疑义。

其他各殿也各有专用：昭庆殿是辽帝与南京群臣欢宴之所；辽景宗、圣宗两座御容殿亦在皇城内，是契丹皇室供奉景、圣二先帝御像以为祭奠的宫殿。当然，辽诸先帝的御容殿也在南京皇城内。据《辽史·地理志》载，辽上京宫室有开皇、安德、五鸾三大殿，中有历代帝王御容；辽东京宫墙北有让国皇帝（名倍，太祖阿保机长子）御容殿；中京皇城中有祖庙，景宗、承天皇后（景宗后）御容殿等。每逢朔望、生辰、忌日，在京文武官员，并赴御容殿致祭。《辽史·圣宗纪二》载:“统和四年（986）十月乙卯，幸南京，十一月戊寅，日南至（即太阳向最南偏斜），上率从臣祭酒景宗御容。”这是在冬至日，圣宗率南京文武官员至景宗御容殿致祭。

辽初，以幽州为南京，并置幽都府处理当地政务。辽圣宗开泰元年（1012）改幽都府为析津府，蓟北县为析津县，幽都县为宛平县。明《顺天府志》载:“崇孝寺，辽乾统二年（1102）沙门了铢作碑铭谓析津府都总管衙署。宛平县衙在城西侧，析津县衙在城东侧。”

不仅如此，辽南京城里还有不少契丹贵族的府第。王曾在他的《上契丹事》中说:“城南门内有于越王廨，为宴集之所。”这里面的“于越”是契丹的官号，其位相当于汉制的“三公”。

辽南京城坊和市的布局，基本承袭了唐幽州之旧制。我国古代城市规划建设的一般规则，是在城的南北和东西门之间都设置宽阔的大街，以便相互沟通。因此，南京城内应有沟通八门的四条大街，相互交叉呈“井”字形，布置在城市的中间。它们是南京城内的主要交通

白云观附近辽代土城墙旧影

干线。此外，又有许多大大小小的街道沟通四方。这些街道的名称大部分已无法稽考，但在辽代寺院碑刻和应县出土的佛经题记中，发现经常出现的街名有檀州街、燕京左街和燕京右街。这里还有达官贵人的府第，有著名的竹林寺，有刻印书籍的作坊。应县出土的《妙法莲华经》就是在檀州街显忠坊门南的冯家刻造的；云居寺《大般若波罗蜜多经》又刻有“大唐幽州蓟县蓟北坊檀州街西店”的字样。可见，此地由唐至辽，既能刻石板经，又能印经书。

南京城东南部迎春门内悯忠寺前，也是一条通衢大道。当时的悯忠寺，既是宗教活动中心，又是政治活动的场所。宋朝的官员到燕

现存辽天宁寺塔浮雕细部

京，常在这一带进行游览活动。辽朝皇帝由皇城去东南郊延芳淀游幸、打猎，也常从这条街上经过。

南京西部最繁华的街道在今北京西城区广安门以东不远处的南线阁、北线阁一线。这里有著名的燕角楼，向南可看皇城内壮丽的宫殿楼阁，向北可通向大市场。这一带是市民进行文化活动的地点。当时，南京街市相当繁华，各族人民衣着多样，男女老幼东来西往，车辆、驼马络绎不绝。路振在《乘轺录》中说：“（燕京）居民棋布，巷端直，列肆者百室，俗皆汉服，中有胡服者，盖杂契丹、渤海妇女耳。”

由此可见，在辽朝统治南京城的一百八十余年间，仍保持着坊里的旧制。城内街道布局井井有条，宽阔端直。城内八门至少有四条东西、南北交叉的直道。只是辽南京城的迎春门和显西门之间，丹凤门和通天门之间，因中间隔着皇城而不能直接相通。

众多的街道把城市切成一些方块，中间布列着居民住宅，组成"坊"。唐代幽州就有二十六坊，辽代坊数未变，大多数坊名亦沿用唐代，仅有少数名称可能有所变更。根据唐、辽文献及考古资料，可找出二十六坊的名称，分别是：罽宾坊、卢龙坊、肃慎坊、归化坊、隗台坊、蓟北坊、燕都坊、军都坊、铜马坊、花严坊、劝利坊、时和坊、平朔坊、招圣坊、归仁坊、棠阴坊、辽西坊、东通圜坊、遵化坊、显忠坊、永平坊、北罗坊、齐礼坊、归厚坊、玉田坊、骏马坊。从这些坊名中我们可以窥测出辽南京这座城市所经历的种种历史变革，以及丰富的社会内容。

辽南京是辽朝五京中最繁华的一座城市，由于皇帝常来南京城驻跸，经常有高丽、西夏等各国使节到这里活动。辽宋议和之后，双方每逢节日或有重大庆典都要派使节到贺。宋朝每年有不少官员从南京经过，前往辽朝内地。为了接待这些往来的使者，便在南京城内外建了不少馆舍。当时的悯忠寺，不仅是佛教活动的中心，也是接待宋使和举行重要典礼的场所。

南京城在辽代成为五京之一，前后相沿近二百年，由原先的军事重镇逐渐演变成为区域的政治、经济、贸易中心。辽南京城内众多的军、政衙署和专为王室服务的各种职司的衙署，还有诸亲王、公主的府第，构成了其城市建设中与秦汉以来不同的特色，并初步具备了京师的功能。

中都城，金朝的政治中心

金中都的建立

金在中国北方建立的少数民族政权，在历史上并不是第一个。但把北京作为少数民族政权的首都，并使其政治、军事势力遍及淮水之北，成为中国北方政治、文化中心，却是从金代建立金中都城开始的。

在中国古代都城的发展史上，先后出现过几个历史悠久的、重要的都城。其中一个是陕西的西安，一个是北京。西安是从先秦时期到唐代为止的全国性政治、文化中心，历时数千年；北京则是从元代一直到现在为止的全国政治、文化中心，历时数百年，其中很少有变更。而金中都正是从西安转移到北京来的过渡性都城，既开了北京作为全国政治、文化中心的先河，也奠定了北京作为全国政治、文化中心的基础。不仅如此，金以燕京为中都，将中原汉族都城的规划、建设和营国制度引进了北方的幽燕。

金中都“制度如汴”，它是在辽南京城的基础上进行扩建而成的。改造后的中都城，包括外郭城、皇城和宫城，即由南京城的方形“子母式城”格局（即皇城套于外郭城的西南隅）改建成“三套方城”的格局，皇城套于外郭城中央略偏西南，东、南、北三面形成套式，西面是皇城与外郭城共用一城墙。城内的总体布局乃至宫阙制度都法自汴京（开封）。这在北京城的发展史上开启了其成为中国淮水、秦岭以北半个中国都城的先河，使之成为北部中国的政治、文化中心，而且亦为元、明、清三代大一统的王朝定鼎于此，奠定了良好的基础。金国的迁都燕京，进一步促进了中华“北雄南秀”的文化交流，提升并丰富了多元一体的华夏文明。

辽统和二十二年（1004）当辽朝与北宋政权缔结澶渊之盟形成南北对峙的局面时，在东北松花江流域的一支号称“女真”的少数民族日益强盛起来。其间的完颜部酋长阿骨打举兵推翻了辽朝，正式建国称帝，国号金，建都会宁府（今黑龙江省哈尔滨市阿城）。

辽保大二年（1122），金已经占领了辽大部分国土。金在占领了燕山府后，又

金上京会宁府遗址出土铜坐龙

把它改名为南京，并把原设在平州的南京中枢密院移到了这里。以后金的南部国界扩展到了淮河和陕西宝鸡西南大散关一带。这样，它在华北平原上的统治，也就转入了相对稳定的状态。而原先设立的会宁府，虽地处女真族的发源地，但已远不能满足庞大帝国的需要。换而言之，金朝的都城必须设立在既适合统治关内新领地，又便于控制后方的地区。燕京作为辽的陪都时已具备了封建国都的条件，而且燕京所处的地理位置十分优越，金在灭北宋之后又取得了内地的大片领土，其统治的范围包括东北、华北、西北的近半个中国。因此，迁都燕京已势在必行。

早在金熙宗时期（1135—1148），吸取先进的汉文化、改革女真落后旧俗的政治革新工作已在积极地进行，并取得了很大的成绩。而海陵王完颜亮不仅是一位汉文化的向往者——他一直仰慕中原先进的物质文明和汉族传统文化，而且又是以宗室子通过谋弑而取得帝位，宗室对他多怀不满之心。这种情况更使海陵王下定了借迁都而彻底打击守旧派贵族，以摆脱他们的阻扰而加速政治革新的决心。

金天德五年（1153），海陵王正式迁都至燕京，并将其改名为中都；改析津府为大兴府；改汴京为南京开封府；改中京大定府为北京大定府。这样，连同原有的东京辽阳府、西京大同府，合称“五京”，并尽毁上京宫殿、宅第，夷为耕地，所有宗室乃至王陵也都被迁到中都。

海陵王的迁都不仅在金朝的历史上标志着一个新的阶段的开始，就是在北京的历史上也是一个有重大意义的新纪元。从此，北京成为一代王朝的正式首都，并一直延续到元、明、清三代。

建成后的中都城，皇城略居城的中心，宫城居中略偏东；在其前，左有太庙、右有金廷的中央政府和地方衙署；宫城之西有御苑、池沼，这些都是模仿汴京的。中都城门也多沿用汴京的名称，如汴京正北门名通天，金中都正北门为通玄；汴京皇城北门为拱辰，金中都亦设拱辰门；宫城的东华门、西华门之名也都是仿效北宋宫城城门命名的。

扩建后的金中都城近似正方形，其东西较南北稍长。经实测，西城墙长 4530 米，南城墙长 4750 米，东城墙长 4510 米，北城墙长 4900 米。四面城墙合计 18690 米，约合宋制 35 里。就目前的实地所见，中都城外城郭的东、南、西三面城墙有遗址可寻：东南城角在今北京南站（原永定门火车站）东南的四路通，由此向北经今潘家河沿、魏染胡同、大沟沿胡同至翠花湾，即东北城角，这便是金中都的东城垣；西南城角在今凤凰嘴村，由此向东经鹅房营以北、万泉寺以南、祖家庄南、三官庙南，此一线的南侧正好是与之相平行东流的凉水河，这便是金中都的南垣和南护城河；其西城垣即由今凤凰嘴村及其以北一线，与其相平行南流的莲花河即为金中都城的西护城河。

金中都的外郭城东、西、南面各开三门，北面开四门：东城墙门，北为施仁，中为宣曜，南为阳春；西城墙门，北为彰义，中为颢华，南为丽泽；南城墙门，东为景风，中为丰宜，西为端礼；北城墙门，东为光泰和崇智，中为通玄，西为会城。各门的具体位置分述如下：

施仁门为辽南京城安东门外之中都城门，当在今虎坊桥之西，骡马市大街与魏染胡同南口处。

彰义门在今广安门外大街湾子处，湾子之东的深州馆，应在金城之内。

宣曜门在今西城区南横街东口与贾家胡同南口交会处。

颢华门为中都正西门，在今广外马连道蝎子门处。

崇智门在今南闹市口内的东太平街西口和西太平街东口交会处略偏南。

通玄门在今白云观东北方、真武庙之南，当时的通玄门内大街即

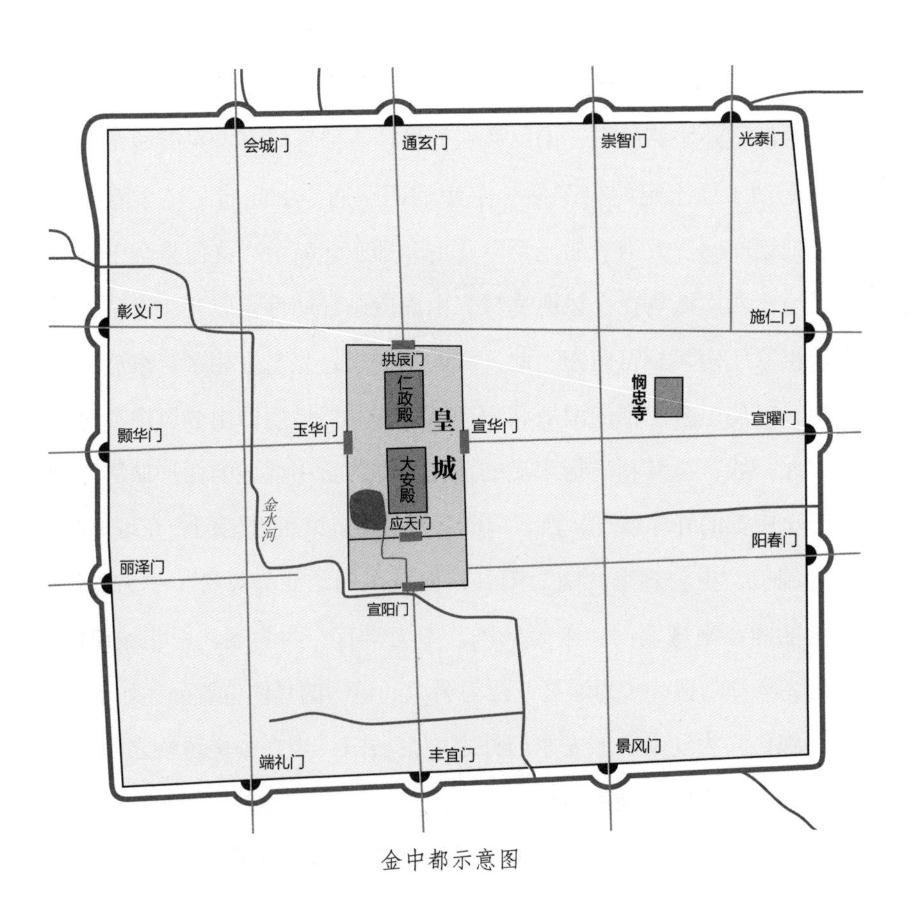

金中都示意图

位于今广外滨河路西侧，北至通玄门。

会城门据文献记载当在今玉渊潭（钓鱼台）流出之河流入中都城北护城河交叉点之东，亦即今木樨地南河流向东拐弯处的河湾稍南处。

景风门在今右安门关厢南，右安门外大街与凉水河交叉处稍北。

丰宜门在今祖家庄南、石门村东、西铁匠营村北的凉水河岸。

端礼门在今万泉寺偏西南处。

阳春门在今四路通以北东庄村处，北京南站北，南岗子土垣之南。

丽泽门在今凤凰嘴村以北，其向西通水头庄路即为其关厢一带。

皇城的规模和布局

皇城位于大城的中心部位而略偏西南。东西南北开门四座，即东面的宣华门、南面的宣阳门、西面的玉华门，以及北面的拱辰门。其东墙大致在今广安门南、北线阁街偏东的南北线上；南墙在今广安门南鸭子桥东西的延长线上；西墙则在今广安门外甘石桥南北向河流即莲花河的东岸一线上；北墙就在今广安门外大街南侧的东西一线上。皇城内的第二重门就是宫城的正南门即应天门（原称通天门），宫城实际上占据了整个皇城三分之二的地方。从外郭城正南的丰宜门，经过皇城正南的宣阳门、宫城正南的应天门，出宫城北面的拱辰门，直到外郭城正北的通玄门就是全城纵贯南北的、正中的驰道，其也是金中都城南北向的中轴线。中都城中所有的重要建筑物，都安排在这条中轴线的正中和两侧。经考古发掘证实，今西二环路广安门南段的辅路即是昔日金中都城中轴线所在，大安殿即在今“北京建都纪念阙”西侧的位置。

中都的宫城是在辽南京城子城中宫殿区的基础上扩建而成的。其宫殿之多、规模之宏伟，在北京地区的历史上是空前的。金章宗曾用绝句表达他的心迹：“五云金碧拱朝霞，楼阁峥嵘帝王家。三十六宫帘尽卷，东风无处不扬花。”宫城正南的应天门，高八丈，阔十一间，下列五个门道，左右并有行楼。应天门后则为大安门，东西为日华门、月华门，门内即是大安殿。大安殿是皇帝举行盛大庆典的地方。大安殿也是宫中规模最大、规制最高的建筑，其殿门九间开阔，大殿为十一间开阔，朵殿各五间，行廊各四间，东西廊各六十间，中起二楼各五间：左曰广祐，后对东宫；右曰弘福，后有数殿。

金杖鼓伎乐人物砖雕

大殿以后为宣明门，再后为政和门（仁政门），门内为仁政殿。大殿九楹，前设露台，殿两旁有朵殿。朵殿上两高楼称东西上阁门，中有钟鼓楼，其规模比大安殿要小得多。

应天门东为左掖门，其后为

敷德门，再后为会通门和承明门。东通城外有集禧门，西通中路有左嘉会门（到宣明门以内）；直北为昭庆门，再北即为宫城北墙。

应天门西为右掖门，隔一间院子，东通中路有右嘉会门（到宣明门以内），靠西有长方形水池，西北有蓬莱阁，再北到宫城北墙。会通门以东还有太后所居的寿康宫及太子所居住的东宫。

值得注意的是，金代原本并不设宗庙，只是到了建设金中都城时，才在千步廊之东建太庙，并命名为衍庆宫，殿曰圣武，阁曰崇圣。另外建有大圣安寺，寺中有金世宗、章宗二像。明中统以后改名普济，地点在今右安门内南横街西口。

金从天德以后，开始有了南北郊祭和祭日月的礼制，设南郊祭坛于丰宜门外，北郊置方丘于通玄门外，朝日坛（坛名大明）于施仁门外，夕月坛（坛名夜明）于彰义门外。明昌五年（1194）、明昌六年（1195）又先后在景风门外建风师坛、高禖坛等。

金代大定、明昌年间，在中都举行各种郊祀的礼仪才完备起来。如南郊祭坛“圆坛三层”，北郊祭坛“方坛三层”。朝日坛曰“大明”，夕月坛曰“夜明”。冬至日合祀昊天上帝、皇地衹于圜丘，夏至日祭皇地衹于方丘，春分朝日于东郊，秋分夕月于西郊。

社稷坛是帝王祭祀土神谷神的地方，也是都城建设中不可或缺的。

宫城的空间格局

由宫城的正南门——应天门直北为金中都城内的中路，亦即中国宫城建设中的中轴线。宫城的主要建筑物如殿、门等都位于这条中轴线上。

应天门是一座阔十一间（即十一楹）的门楼，建筑雄伟，两旁有侧楼（行楼），其东一里为左掖门，西一里为右掖门。进左掖门即为宫城之东路；进右掖门即为宫城之西路。应天门内，左侧行廊三十间，中开一门，名左翔龙门，东向通向东路；右侧亦为行廊三十间，中亦开一门，名右翔龙门，与左翔龙门相对，西向通向西路。左、右翔龙门之间的空地（庭院）中有东西二小亭。正对应天门，北面列三门。中为大安门，即大安殿正门，此门面阔九间，东侧有三间游廊。其东为日华门，面阔三间，其东又有七间走廊，与左翔龙门北之十五间西向游廊衔接。大安门的弘福楼，有三间游廊，其西为月华门，亦南向，面阔三间。其西亦有七间南向走廊，与右翔龙门北之十五间东向走廊衔接。

大安门内，东侧有西向（面西）之行廊六十间，中间有一高楼，名广祐楼，面阔五间。西侧亦为东向（面东）之行廊六十间，中间亦设有一五间面阔的高楼，名弘福楼。上述二楼均在大安门内、大安殿前，呈东西对峙之势。

大安门正北为大安殿，是金宫城内的重要建筑，为金宫主殿，规模雄伟。大安殿后设有便殿，与正殿直通，即香阁楼，是皇帝单独召见大臣议事之处。

大安殿之前，东西各有小亭一座；殿后有大安后门。后门之外（北）为一小型广场，此乃平日在仁政殿设朝时，朝臣待班之处。广场东侧为左嘉会门，东向通东路；西侧为右嘉会门，门外通向西路。

北侧，正对大安殿后门的即是宣明门，也就是常朝便殿（仁政殿）的外门。其北即是仁政门。门内西侧行廊三十间，中间有一楼，名钟楼；东侧亦有行廊三十间，中间亦有一楼，名鼓楼。正北为仁政殿，即常朝便殿。其规制比大安殿略小，实为金宫城内的第二大殿，面阔九间。

仁政殿之后即为后宫（正富），南为皇帝正位，北为皇后正位。皇帝正位及皇后正位亦有宫、殿等建筑，即昭明殿和隆徽殿。按金宫惯例，昭明宫、隆徽宫也应有相应的宫门，其名当亦同宫名。

金宫城中轴线两侧的东路和西路并不对称。西路在右掖门内便是鱼藻池。中有小岛（瑶屿），岛上有鱼藻殿。周围还有瑶池殿、瑶光台、瑶光殿、横翠殿等多处。鱼藻池及其周围的殿宇实际是宫城之内的一座御花园，又称琼林苑，设有官属机构并加以管理。琼林苑之北即为蓬莱院，内有蓬莱殿、蓬莱阁，还有蕊珠殿。过右嘉会门和玉华门东西相对围合而成的院子，经泰和门进入泰和宫，内有泰和殿。其北还有东西相对峙的神龙殿、厚德殿等。进左掖门即为左翔龙门外之

《金神龟图》（局部）

院落。正北开列三门：中为敷德门，左为敷德东门，右为敷德西门。入敷德门即为东宫。东宫是太子居住之地，内有芳苑、承华殿、凉楼等。往北经集英门即进入太后居住的寿康宫，宫内有寿康殿及其他附属建筑。

综上所述，我们可以看到金宫城是一座宫殿林立、布局有序、结构完美，并有完善的护卫系统的宫城。

值得注意的是，20世纪90年代中，在开辟北京西二环路的南段时，北京市文物考古工作队曾就地进行了考古勘察，并发现了金宫城内大安门及其正北方大安殿的地基夯土层。这进一步证明了现在广安门外滨河公园西侧的这段西二环路，就正好压在金中都城纵贯全城的中轴线上。这一考古发现对我们复原金中都城面貌，无疑是有重大意义的。

中都城的道路和坊制

中都城除东北角后开的光泰门之外，每边三门对隅，应共有六条南北、东西直通的大道，但是由于皇城居中，御苑的修筑使得中都城内仅有三条大道是直通的。

中都城主要的道路如下：

施仁门至彰义门的大街：实际上这是在原唐、辽时期檀州街的基础上向东、向西延展而成的。它通过中都城北最繁华、热闹的地区。因为原檀州街即为唐、辽时北市所在地，国内对外贸易几乎都集中在这里。如今，这条大街相当于东起虎坊桥、西至广安门外的湾子，即今广安门内、外大街。

崇智门至景风门的大街：它由辽南京城东部拱辰门至开阳门的大道延展而成，直贯中都城东部的南北，相当于今西城区南闹市口起，向南通过牛街以及右安门内、外大街，抵达右安门外关厢的凉水河桥以北的大路。

阳春门至丽泽门的大街：这是一条通过皇城正南门——宣阳门之南的东西大街。东部为市场，西部为居民区。其东段相当于明、清北京城外南护城河的两岸，并一直向西延伸，但已湮没。今西三环上的“丽泽桥”之名即源于此。

宣曜门街：此大街由宣曜门往西抵达皇城的东门宣华门。它实际上也由辽迎春门大街向东延伸至金宣曜门。今日虎坊路西侧的南横街东口，往西达枣林前街一线当是宣曜门街的遗迹。

颢华门街：这是从颢华门往东抵达皇城西玉华门的一条大街。其位置大体在今南马连道南口附近，即辽显西门以西。遗址今已湮没。

通玄门大街：即清夷门街，是通玄门往南直通皇城北门拱辰门的一条大街，实际是以辽通天门为起点修建的。其位置大致从今白云观以东处起，沿今滨河路西侧南达广安门外白菜湾之北，宽约三十米。与其隔宫城相对应的便是丰宜门内直通宫城正南门——宣阳门的大街。

会城门街：北起今会城门村，向南于甘石桥附近与彰义门街相交。

端礼门街：南起今万泉寺西的端礼门，向北抵达三路居、孟家桥一带。遗址今已湮没。

中都城里的坊大体上由纵横交错的干道相围合而成，其周围以及坊内也都有街和巷。如《析津志》中所记：“严胜寺在南城金台坊西街北”，其地街名为金台坊西街；“杜康庙在南城春台坊西大巷内”，其街名为西大巷；“楼桑大王庙在南城南春台坊街东大巷内”，其街名为春台坊街。同时还有更小的街、巷。

宋代以前，都城居民区的“坊”均为封闭式：四周有围墙，四方各开一坊门，并由专人管理，每天五更开坊门，黄昏关闭。而金中都城建设，正处在唐辽时代封闭式坊制向宋元时代开放式街巷制过渡的时期。金中都城又是继承辽南京旧城，并在其基础上扩建而成的。所以，封闭式坊制和开放式街巷制同时出现在其中，形成了中都城在城市规划建设上的特点。20 世纪 60 年代，考古工作者对中都城城址做了钻探发掘，并证实中都西南部新增城区的各坊，均为东西向互相平

展现金代建筑规制的墓葬砖雕

行的胡同；而东部新扩城区，则多为南北向互相平行的胡同。这说明，金中都城中新设的坊已与辽南京城时的坊不同，其已不是封闭的小方块，而是每条胡同即为一个坊。即使是辽南京城原有的旧坊，也有许多被改建，如卢龙坊即变成南、北卢龙坊，永平坊则分为东、西永平坊等。新建的坊为街巷，各条开放的街巷更有利于市场交易，促进了中都城商业的发展。

经考古发掘证实，金大安殿夯土遗址北界在今广安门外原北京带钢厂东门口小马路中央；南界在 31 号楼南侧小马路中间，南北长 70 米；东界延至滨河公园内。夯土埋于地表以下 1 米，最大残存厚度 9.65 米。

总之，海陵王完颜亮正是在经营多年的辽南京城的基础上，采用北宋都城汴梁的营建制度，将其扩建成中都城。中都城内皇城、宫城等的布局、设计，博采内地都城建筑的精华，开了元朝建都城、皇宫的先河，在我国都城和宫殿营造上起着承上启下的作用。

2002 年 7 月即金中都建都 850 周年前夕，当时的宣武区人民政府在大安殿遗址处修建了“北京建都纪念阙”，并请侯仁之先生撰写了《北京建都记》，镌刻于阙的东侧：

北京建都记

北京古城肇兴于周初之分封，初为蓟。及辽代，建南京，又称燕京，为陪都。金朝继起，于贞元元年即公元 1153 年，迁都燕京，营建中都，此乃北京正式建都之始，其城址之中心，在今宣武区广安门南。

金中都以辽南京旧城为基础，扩东、南、西三面有差，而北面依旧。城池呈方形，实测四面城墙，东长4510米，西长4530米，南长4750米，北长4900米。四面城垣各开三门，北城垣复增一门，共十三门。城内置六十二坊，前朝后市，街如棋盘。

皇城略居全城中心，四面各一门。正南宣阳门内有街直通皇宫应天门前之横街，两侧建千步廊，廊东有太庙，西有中央衙署。宫城位居皇城东偏，宫室建筑分为三路，结构严谨。中路殿宇九重，前有大安、仁政两殿，为常朝之所，后有后宫，为帝、后所居。主殿大安殿建于三层露台之上，规模宏伟。东路有东宫、寿康宫、内省诸建筑，西路有蓬莱院、泰和宫等建筑。宫城内西南隅凿鱼藻池，建鱼藻殿，以为宫城之内苑，故址即今白纸坊桥西之青年湖。宫城迤东置太子东宫，迤西为同乐园，有瑶池等湖泊。

北京建都纪念阙

中都城之扩建，将西湖即今之莲花池下游河道纳入城中，导流入同乐园湖泊及鱼藻池，又经皇城前龙津桥下，转而向南，流出城外。公元1990年，在右安门外大街迤西之凉水河北岸发现其水关遗址，已就地建为辽金城垣博物馆。中都近郊建有行宫多处，其最著名者为万宁宫，故址在今北海公园处。元朝继起，就其址规划扩建大都城，遂为今日北京城奠定基础。

公元1990年西厢道路改造，市文物研究所沿宣武区滨河路两侧，探得金中都殿夯土十三处，南北分布逾千米，并作局部发掘，从而确定应天门、大安门和大安殿等遗址位置。公元2003年为金中都建都850周年，应宣武区人民政府之约，撰文以记北京建都之始，刊石于金中都大安殿故址之前。

侯仁之

2002年7月30日

大都城，元代一统中华的首都

北京城市发展史上的新篇章

北京的城市发展，如果从奴隶社会时代的蓟算起，一直到封建社会时代金中都城被焚毁，绵延两千二百多年。其城址一直位于今天北京城西南部、莲花池的东南，是在同一个原始聚落的基础上逐渐成长起来的。其城市的范围虽然不断扩大，城市面貌也发生了变化，但它原来的城址却始终没有改变。元代兴建大都时放弃了莲花池水系上历代相沿的城址，新建规模宏大的大都城。这实在是北京城市发展史上一个非常重要的转折点，在城市规划史上开启了一个崭新的篇章。

成书于春秋战国时期的《周礼·考工记》曾简述了城邑建设的测量问题，包括求水平、定方位等，而在《匠人营国》一节中又追述了周王朝营建都邑的制度，提出了一套至为理想的营国规制，即

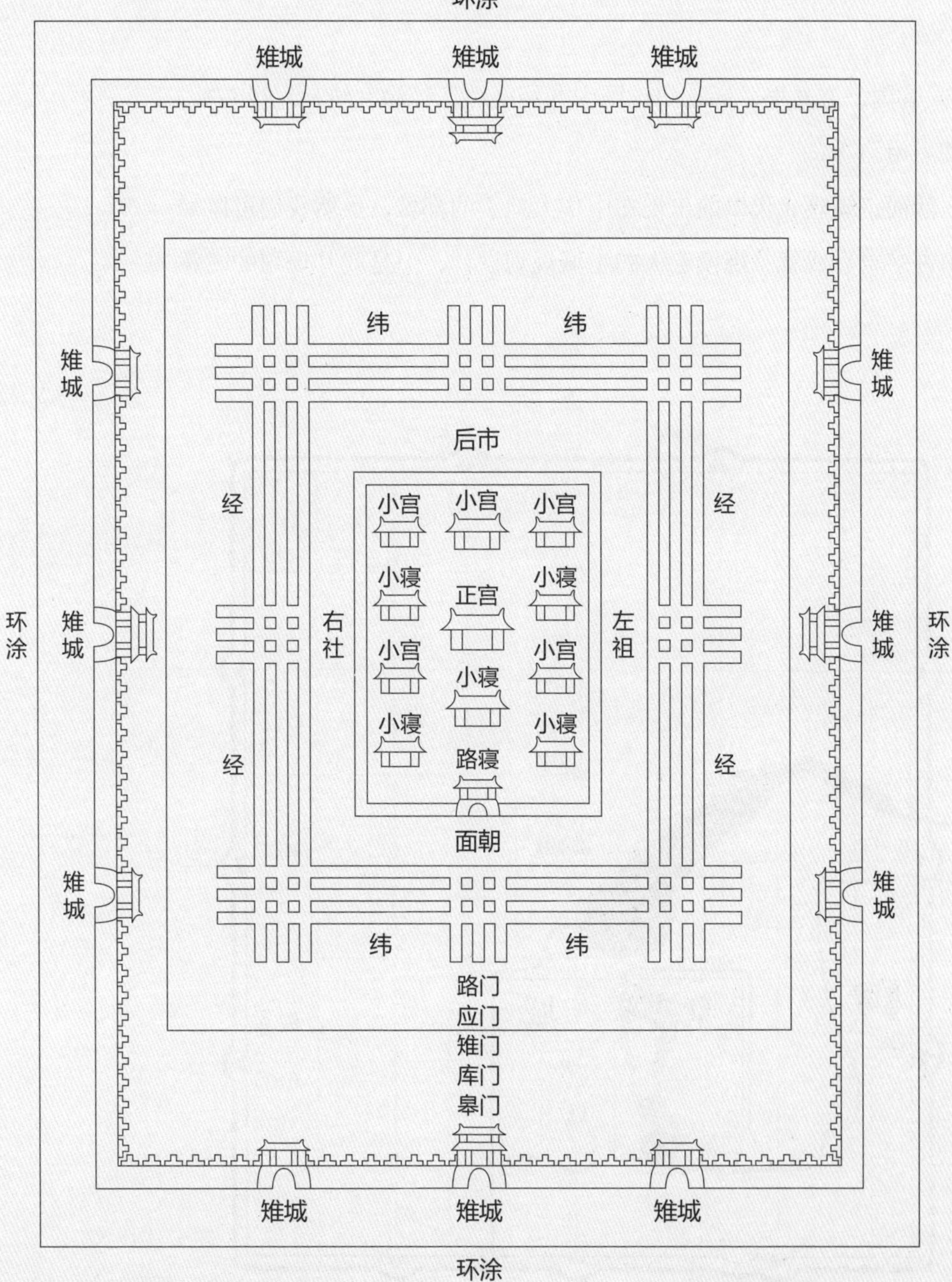
环涂
雉城
雉城
雉城
纬
纬
雉城
雉城
后市
经
经
小宫
小宫
小宫
小寝
小寝
正宫
环涂
雉城
右社
左祖
雉城
环涂
小宫
小宫
小寝
小寝
小寝
经
经
路寝
面朝
雉城
雉城
纬
纬
路门
应门
雉门
库门
皋门
雉城
雉城
雉城
环涂

周礼中的理想王城

“匠人营国，方九里，旁三门；国中九经九纬，经涂九轨；左祖右社，面朝后市”。

然而，纵观元代以前出现在中华大地上的都城，虽然我们可以列举出许多卓有成就、规模宏大的王城规划设计，但是就其规划的匠意

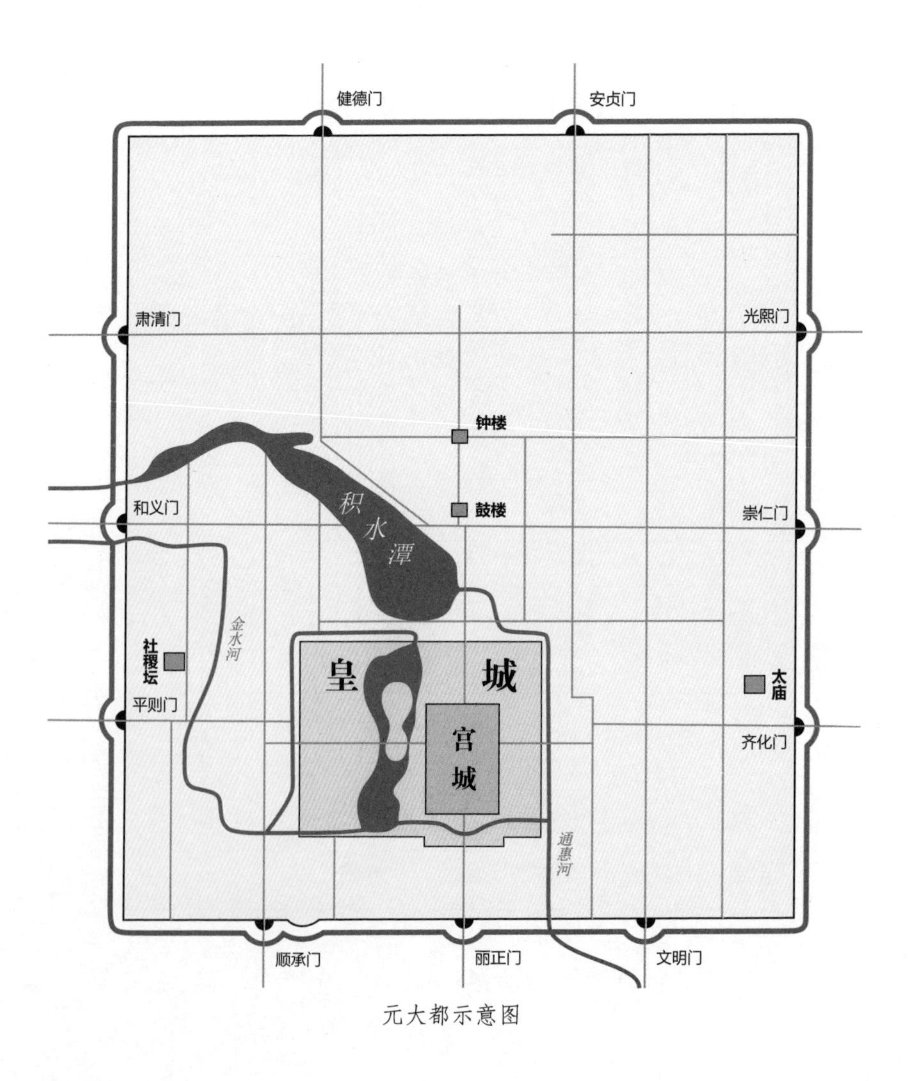

元大都示意图

和布局的形式而言，最接近于《周礼·考工记》所述“王城规制”的唯有元大都城，而这也是元大都城市形态的最大特点。元大都城的规划建设，在我国的城市规划史上占有非常重要的地位。

元大都是中国农耕文明时期传统都城的典型。它既追求《周礼·考工记》中所提出的王城规制的理想模式，又不拘泥于其城郭制度，而是依据实有的自然地理条件，因地制宜地决定城市空间布局的中轴线，并依据南北、东西相交而成的棋盘式道路以及按照井然有序的里坊制形式安排了全城的居住区——坊。此后，这又为明清时期的北京城所继承。

通惠河的开凿，不仅满足了大都城漕运的需要，而且促进了南北经济、文化的大交流、大融合，形成了以积水潭（海子）码头为中心的商业、文化、娱乐中心。大都成为13世纪中国最繁荣的城市，也是当时世界上规模最大、最繁华的城市。

意大利著名的旅行家马可·波罗曾在大都城居住了十七年。他于1295年返抵威尼斯后写了一本《马可·波罗行纪》，对大都的城池、宫殿、街道、商业等均有详尽的描述。他写道：“全城中划地为方形，划线整齐，建筑屋舍。每方足以建筑大屋，连同庭院园囿而有余。以方地赐各部落首领，每首领各有其赐地，方地周围皆是美丽道路，行人由斯往来。全城地面规划有如棋盘，其美善之极，未可言宣。”

马可·波罗是在忽必烈至元三十一（1294），随父亲和叔父来到大都的。当时的大都城已经在按规划进行建设，他对大都城的描述，应该说是基本符合事实的。

元黄仲文的《大都赋》这样写道：

论其市廛，则通衢交错，列巷纷纭。大可以容百蹄，小可以方八轮。街东之望街西，仿而见，佛而闻；城南之走城北，去而晨，归而昏。华区锦市，聚四海之珍异；歌棚舞榭，选九州之秾芬……若乃城闉之外，则文明为舳舻之津，丽正为衣冠之海，顺承为南商之薮，平则为西贾之派。天生地产，瑰宝神爱，人造物化，山奇海怪，不求而自至，不集而自萃……

明初，工部侍郎萧洵在他的《故宫遗录》中详细记述了元代宫殿的情况。他评价说："高明华丽，虽天上之清都，海上之蓬瀛，犹不足以喻其境也。"可叹的是，壮丽的都城建筑竟没有被保存下来，只留下萧洵的《故宫遗录》。

蒙古族的兴起和金中都城的陷落

蒙古族在唐时被称为蒙兀室韦，是我国北方地区的一个游牧民族，原分布在今内蒙古自治区额尔古纳河一带。8 世纪时，开始西迁至今蒙古国乌兰巴托以南地区。12 世纪时，蒙古族社会经济有了显著发展，并逐步由氏族社会向奴隶制社会过渡。13 世纪初，以铁木真为首的部落统一了其他各部，铁木真被尊为"成吉思汗"。蒙古成吉思汗元年（1206）正式建立了蒙古政权，即蒙古大汗之国。以成吉思汗为首的蒙古贵族向南方发动了大规模的战争。蒙古成吉思汗六年

（1211）春，蒙古兵开始在克鲁伦河畔大本营召集军马大举伐金。两年后（1213）又兵分三路南下，还一度包围了中都城；翌年（1214）中都城再度被围，金宣宗屈服议和，并以缴纳大量的金银、童男女五百、马匹三千为代价，换取了蒙古军的北撤。同年五月十八日，金宣宗逃离中都城，并迁都汴梁（今河南开封）。但是，就在这以后的第二年，即 1215 年，蒙古骑兵顺利突破了居庸关一带的天险，直趋中都城下。可是，蒙古贵族当时并没有打算在这里建都。中都城内金代的皇宫被焚毁，中都城作为金朝的统治中心前后共历六十余年，是在北京原始聚落上发展起来的最后一座大城，却从此日渐衰落。

宋端平元年（1234），亦即在中都城宫殿被焚之后二十年，有人曾目睹“行殿基存焦作土，踏链舞歌草留茵”“瓦砾填塞，荆棘成林”的状况。王恽《燕城书事》诗亦叹曰：

都会盘盘控北陲，当年宫阙五云飞。
峥嵘宝气沉箕尾，惨淡阴风贮朔威。
审势有人观督亢，封章无地论王畿。
荒寒照破龙山月，依旧中原半落晖。

自蒙古军攻进金中都并焚毁金代宫殿到忽必烈建成大都的半个世纪里，燕京仍然是华北平原上一个重要的中心城市。不仅如此，当时还有北城、南城之称，即把新建的大都城称为北城，原金中都旧城称为南城，一直到元至正二年（1342）仍延续“南北二城”的称呼。每至农历二月还有“踏青斗草”的习俗，即北城官员、士庶妇人女子，多游南城。虞集《游长春宫诗·序》称：“岁时游观，尤以故城为盛。”

元大都城址的确定

自蒙古成吉思汗六年（1211）成吉思汗伐金起至蒙古中统元年（1260）忽必烈建立元朝的半个世纪中，蒙古军不断向中亚、东欧发动战争，并建立了地跨欧亚大陆的大蒙古帝国。但这时帝国的政治中心，仍然是蒙古草原上的哈拉和林（今蒙古国鄂尔浑河东岸），燕京只是蒙古统治者控制华北、中原的一个重要的战略据点。忽必烈以燕京为基地，在东部诸王和汉人将军、儒士谋臣的支持下，打败了位居漠北、代表草原贵族保守势力的阿里不哥，并取得了最后的胜利。接着他又积极改变旧制，建立了与中原经济基础大体相适应的封建王朝，仪文制度亦都运用汉法。忽必烈建国号“元”。元朝官方编纂的《经世大典》中解释：“元也者，乾元之义。”“元也者，大也。大不足以尽之，而谓之元者，大之至也。”年号“至元”乃“至哉坤元”之意，取自《易经》。

蒙古至元元年（1264），忽必烈称汗。元初建时，仍以开平（今内蒙古自治区多伦附近）为都城，称上都。忽必烈曾下诏说：“开平府阙廷所立，加号上都，外燕京修营宫室，分立省部，四方会同。”并将燕京改名“大都”，府名仍为“大兴”，以兼顾对华北、中原地区的统治，借以保证财赋收入。随着政治重心的南移，燕京的地位日趋上升。忽必烈胸怀灭亡南宋、统一中国的雄才大略，将都城南迁的

元上都遗址

愿望也日益强烈。《春明梦余录》载："元世祖尝问刘秉忠曰：'今之定都，惟上都、大都耳，何处最佳？'秉忠曰：'上都国祚近短，民风淳；大都，民风淫。'遂定都燕之计。"《续资治通鉴》载："景定四年（蒙古中统四年）春正月，蒙古刘秉忠请定都于燕，蒙古主从之。"巴图鲁更谓："幽燕之地，龙蟠虎踞，形势雄伟，南控江淮，北连朔漠。且天子必居中，以受四方朝觐。大王果欲经营天下，驻跸之所，非燕不可。"

蒙古至元三年（1266），忽必烈派遣刘秉忠来燕京相地。触目所及，燕京城的金代宫殿在惨遭燹变之后，虽已过去近半个世纪，但仍是一派荒草萋萋、"行殿基存焦作土"的破败景象。加之原中都城

“水流涓微，土泉疏恶”，因此决定放弃燕京旧址，而在其东北以金代的琼华岛离宫为中心兴建新都——元大都。忽必烈决定放弃中都燕京旧城，史籍虽有上述记载，但并未有另觅新址创建大都城的明确原因。据笔者综合分析，大概有以下几个方面：

（1）蒙古风俗，每个蒙古大贵族都拥有数十辆乃至数百辆的毡车

13世纪《马可·波罗行纪》中关于“斡耳朵”的插图

和毡帐，统称为“斡耳朵”，以供其妻儿居住。自从元朝确立两京制度之后，这种大型的“斡耳朵”就经常往来于大都和上都之间，蔚为壮观。但是，按照蒙古人的习俗，一个“斡耳朵”曾在某处安置，当它搬走以后，只要那里有任何曾经被火焚烧过的痕迹，那么，不管是骑马还是步行，就没有一个人再敢经过这一地点。蒙古人把废弃的古城遗址称为“马兀八里”。“马兀”蒙语意为“坏”或“恶”；“八里”突厥语意为“城”。在被大火烧毁的亡金宫阙的废墟上重建新的宫殿，在蒙古人看来是一种禁忌。

（2）金中都城的水源主要依靠城西的莲花河水系，但是莲花河“水流涓微”，且“土泉疏恶”，难以满足都城发展以及漕运用水的需要。金时虽曾开发金口导引卢沟之水，但终因其“地势高峻，水性浑浊，峻则奔流旋回，啮岸善崩，浊则泥淖淤塞，积渣成浅，不能胜舟”而作罢。而且，终金一代，都未能圆满地解决漕运用水问题。忽必烈当然不愿因循守旧。而当时忽必烈的驻跸之所——琼华岛却有高梁河水系形成的丰沛的水源和广阔的水面，既可保障都城用水，又可为大都增添无限优美的自然风光。

另据清魏源《元史新编》卷一六载：“世祖（忽必烈）亦封皇子于长安，营于素浐之西，毳殿中峙，卫士环列，车间容车，帐间容帐；包原络野，周四十里，中为牙门，讥其出入，故老望之……以为威仪之盛，古名王雄藩所未有。盖元初中原藩王居帐殿，不居城中。自中叶之后，始渐同汉俗，建宫坻城廓。”由此推测，忽必烈在燕京北郊驻跸时的状况大致与上述描绘相似，而规模应该比皇子所在的营地还要宏大，景象更加壮观。这种游牧民族特有的傍水驻营的习惯，

元大都城的设计中心——琼华岛

也可能对大都新城的选址及布局模式产生深远的影响。

（3）永定河是逐渐由北而南迁徙的，并形成了大致以石景山为顶端的，面积宽阔的洪、冲积扇。金中都城地处这个洪、冲积扇脊部的西南侧，地势较低，而金口地势高出中都城约四十六米，势若建瓴，常受到卢沟洪水泛滥的严重威胁。大都城新址则位于永定河洪、冲积扇的脊部，处在如管子所称的“高毋近旱，而水用足；下毋近水而沟防省”的有利位置，完全避开了洪水入城的危险。纵观元、明、清三代数百年间，永定河泛滥的洪水，从未进入内城（即元大都城），也正好说明了元大都的城址，是经过了周密的勘查之后才确定的。

（4）元世祖忽必烈崇尚“汉法”，而辅佐忽必烈并主持大都规划设计的幕僚刘秉忠更是力举儒学，推行“汉法”。所以，大都的规划完全继承和恪守《周礼·考工记》中所提出的有关王城建设的理念。另觅新址，可以摆脱因袭旧城的束缚，将此种理念付诸实践。事实上，建成后的“大汗之城”——元大都的城市格局，也完全证明了这一点。

大都城的规划建设

欧阳玄《圭斋文集》卷九《马合马沙碑》载：“至元三年（1266）定都于燕”，时方用兵江南，金甲未息，土木嗣兴，“属以大业甫定，国势方张，宫室城邑，非巨丽宏深，无以视八表”。这说明在忽必烈定都燕京之初就曾拟建一座“巨丽宏深”的都城。

元大都的规划建设完全恪守《周礼·考工记》中有关王城的规制匠意，又密切结合高梁河水系的地理特点。为了把高梁河水系的天然湖泊纳入大都城中，便以天然湖泊东面的最远端点，即今万宁桥（又称海子桥）作为基点，往西以包括积水潭在内的距离作为半径，来确定大都城东西两面城墙的位置。只是由于东墙规划的位置刚好在低洼地带，难以筑墙，只得向内稍作收缩。这样，在以海子桥为基点向南延长的，规划建设的实际中轴线之西 129 米处，又出现了一条控制大都城北半部的几何中分线。大都城就是依据这两条中轴线完成整座城的规划建设的。

蒙古至元四年（1267），营建新都的工程正式破土动工。二月"发中都、真定、顺天、河间、平滦二万八千余人筑宫城"。元至元九年（1272）二月明令改中都为大都；五月，宫城初建东、西华门，左、右掖门。至元十年（1273）十月，初建正殿、寝殿、香阁周庑两翼室。至元十一年（1274）正月，宫阙建成，忽必烈在御正殿，受百官朝贺；四月，初建东宫；十一月，起阁南直大殿及东西殿。至元十三年（1276），城成。至元十八年（1281）开掘城壕。至元二十四年（1287），筑城工程全部完成。自此，一座雄伟壮丽、举世无双的都城矗立在华北大平原的北端，而通惠河的开凿更促进了大都城的繁荣。随着城市经济的迅速发展、对外交流的日趋广泛和频繁，大都成为闻名世界的城市。

大都城坐北朝南，呈一个规正的长方形形状，"城方六十里，门十一座"。其总体模式，虽然严格遵循《周礼·考工记》所说的传统规制，但实际营建的规模，却远远超过"方九里"的模式。经考古勘查，大都城周长 28600 米，东城墙长 7590 米，西城墙长 7600 米，北城墙长 6730 米，南城墙长 6680 米。四周辟门 11 座：正南三门，东

《卢沟运筏图》，描绘在卢沟桥附近河运石木以建造大都宫殿的情景

为文明门（今东单南），正中为丽正门（今天安门南），西为顺承门（今西单南）；北面二门，东为安贞门（今安定门外小关），西为健德门（今德胜门外小关）；东面三门，自北而南为光熙门（今和平里东）、崇仁门（今东直门）、齐化门（今朝阳门）；西面三门，自北而南为肃清门（今学院路西端）、和义门（今西直门）、平则门（今阜成门）。北城墙和东西城墙北端，至今仍有遗迹可见，南城墙在今长安街南侧，城墙全部用夯土筑成，并在夯土中采用了“永定柱”竖柱和“维木”横木，其作用相当于在混凝土中置放钢筋。经实测，墙基宽24米，墙体往上略有收分，其基宽、墙高和顶宽之比为3：2：1。

为防止雨水冲刷和排水防浸，城墙顶部还设有半圆形瓦管用于排水，并用苇帘子自上而下将整个城墙遮盖起来，称“蓑城”。历史上大都城又有“三头六臂哪吒城”之称，即南面三座城门为“三头”，东西两面三座城门为“六臂”，北面两座城门为“两只脚”。每至二月哪吒神圣诞之日，大都会举行盛大的仪式，以示庆祝。

城的四角还设有角楼。今建国门南侧的古观象台，就是元大都城东南角楼的旧址。为加强防御，城墙外侧还等距离建有墩台，即“马面”，其外有护城河环绕。元至正十九年（1359），元顺帝还曾下诏“京师十一门皆筑瓮城，造吊桥”。

1969年在拆除西直门箭楼时，发现了元大都和义门瓮城城门遗址。门洞内的题记说明它建于至正十八年（1358），城门残高22米，门洞长9.92米，宽4.62米。城楼虽已被毁，但尚存从城楼向门洞木门上漏水的灭火设备。木门已无存，仅余承受门轴的半圆形铁制“鹅台”和门枕石。

和义门瓮城城门遗址

如前所述，大都城的空间平面布局是按照《周礼·考工记》中所载的王城规制，结合地理特点，经过非常周密的规划设计的。全城规划整齐，井然有序。

大都城城址的选择，首先考虑以原金中都城东北郊大宁宫琼华岛太液池为中心的宫殿建筑的布设，即在湖泊的东岸兴建宫城（大内）；西岸另建南北两组宫殿，南为隆福宫，北为兴圣宫，分别为皇室所居。琼华岛万岁山之南的小岛叫作“圆坻”，也称“瀛洲”（今团城的前身），与琼华岛有长达二百尺（约合六十四米）的汉白玉石桥相连；另从圆坻建木桥连接太液池东西两岸。这样就形成了“三宫鼎峙”的格局，并以此为出发点，环绕三宫修筑城墙（也称红门阑马墙）。皇城之外再建外城郭即大城。

元代大内宫城正殿大明殿，则是一座呈“工”字形平面的大型建筑，前方为正衙，后方为寝殿，中间设连廊，为“前庙后寝”的平面布局。大明殿之后，又另设“工”字形平面的寝殿延春阁。从总体布局上，又是一个“前庙后寝”的格局。元大都的中央官署是分散设置的，大多在大都城的东南部和中部。

大都城宫城的位置既已确定，便将宫城的中心建筑群——大明殿、延春阁置于宫城的中轴线上，从而显示出封建帝王至高无上的地位。并以此为依据，沿宫城的中轴线向北延伸至太液池上游的另一处（即积水潭的东北岸），这样就确定了全城平面布局的几何中心点。在其东延的相交处建“中心阁”，其位置相当于今天城内鼓楼所在的地方。“阁之西，齐政楼也，更鼓谯楼。楼之正北乃钟楼也。”《析津志》说：“中心台，在中心阁西十五步，其台方幅一亩，以墙缭绕，正南有石碑，刻曰‘中心之台’，实都中东西南北四方之中也。”

也就是说，元大都城规划建设的中轴线有两条：北半城以齐政楼为标志的全城几何中分线（即今日旧鼓楼大街南口的位置）和以中心阁为标志的南半城的规划建设中轴线。

在城市规划设计中，在实测的全城中心做标志，无疑是我国城市规划史上的一大创举，既史无先例，也表明在城市规划建设中重视测量技术。事实上，元代的中心阁和钟鼓楼构成了全城的中心区，大都的布局都是围绕着这个中心区展开的。

在元大都城的平面设计中，宫城的布局具有举足轻重的地位。因为这里是统治中心，其建筑风格、规划乃至它们的命名，亦都本于

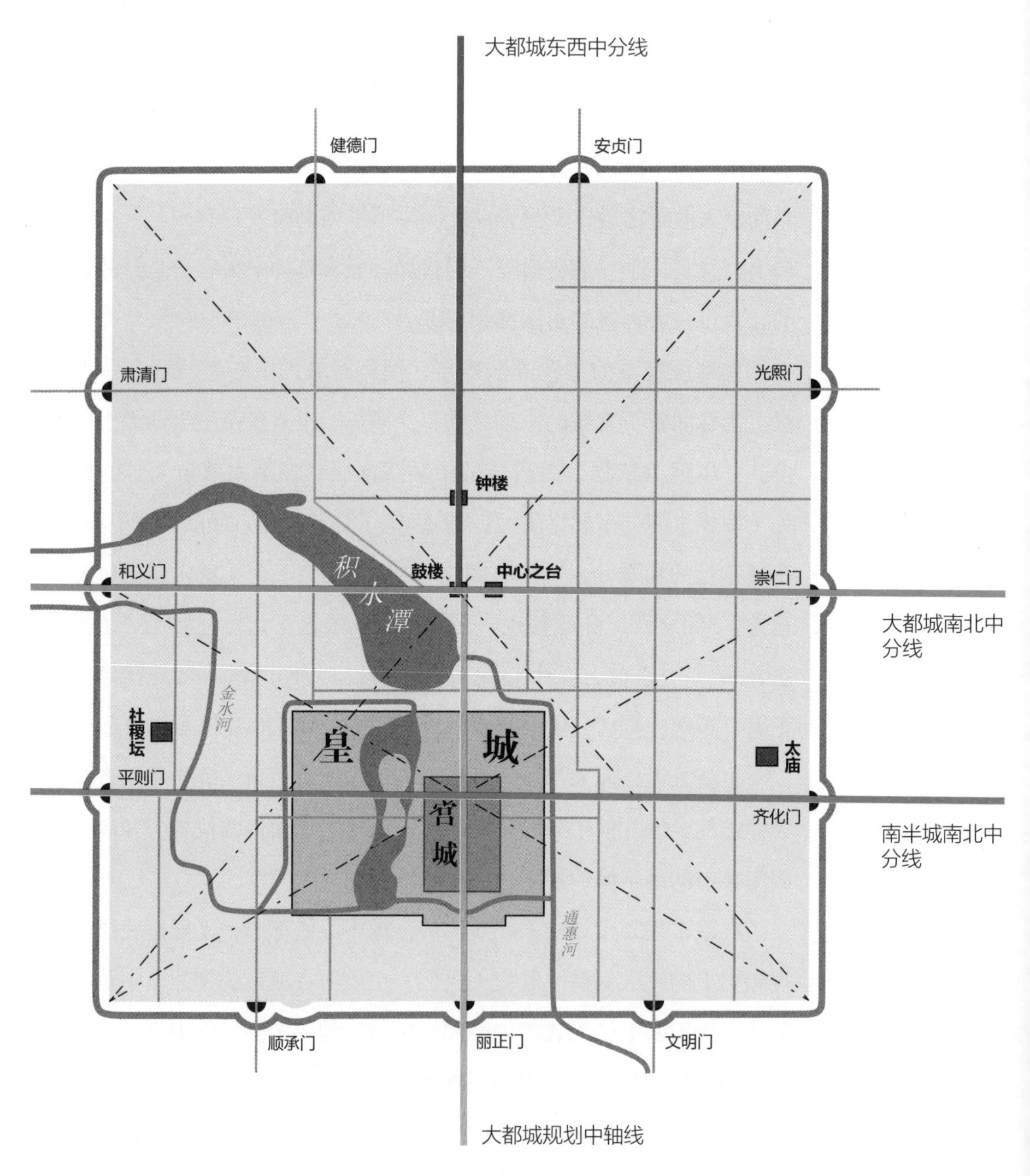

元大都的中分线与中轴线

汉制。

宫城内的主要建筑分南北两组。南面的一组以大明殿为主体。大明殿乃是“登极、正旦、寿节会期之正衙”，殿址在宫城的中心线，即全城的中轴线上。萧洵《故宫遗录》载：“殿基高可十（一作五）尺，前为殿陛，纳为三级，绕置龙凤的石阑。阑下（一作外）每楯（一作柱）压以鳌头，虚出栏外，四绕于殿。”殿后有柱廊，直通寝殿。寝殿东西，又有两殿左右对称，与大明殿合成“工”字形。

大明殿四面绕以周庑，共一百二十间，南北狭长，略呈长方形，四隅有角楼。东西庑中间偏南各建有钟楼（又称文楼）和鼓楼（又称武楼）。“北庑正中又有一殿，适在寝宫之后。周庑共开五门，南面三门，正中大明门，为南区宫殿的正门；北面二门，东西各一门。凡诸宫周庑，并用丹楹彤壁藻绘，琉璃瓦锦檐脊。”北面的一组以延春阁为主体，为后廷。整个后廷的平面设计和建筑规制与前朝基本相同，只是周庑一百七十二间，较前朝周庑多出二十五间，应是加长了东西两庑，形成更为明显的长方形。此庑不设门，这也是与前朝的不同之处。

在前朝与后廷两组宫殿之间，有横贯宫城的街道，东出东华门，直通皇城东门——朝阳桥（即枢密院桥）；西出西华门，稍向北折，然后西转，过木桥至圆坻仪天殿。

整个宫城的平面布局，在前后周庑以内，严格遵循轴线对称的原则，规模宏伟，布局谨严。值得注意的是，原先设置在宫城前的宫廷广场，移到了皇城的正门前方来。其结果是大大加长了从大城正门（丽正门）到宫城正门（崇天门）的距离，而且增强了在建筑上的层次和序列，从而使宫城的位置更为突出，更显得森严，并为明北京城所传承。宫城之北为御苑，南起厚载门以北，北至今地安门内，西邻太液池。《辍耕录》载：“厚载门北为御苑，外周垣红门十有五。”

大都城从蒙古至元四年（1267）开始兴建，到元至元二十二年

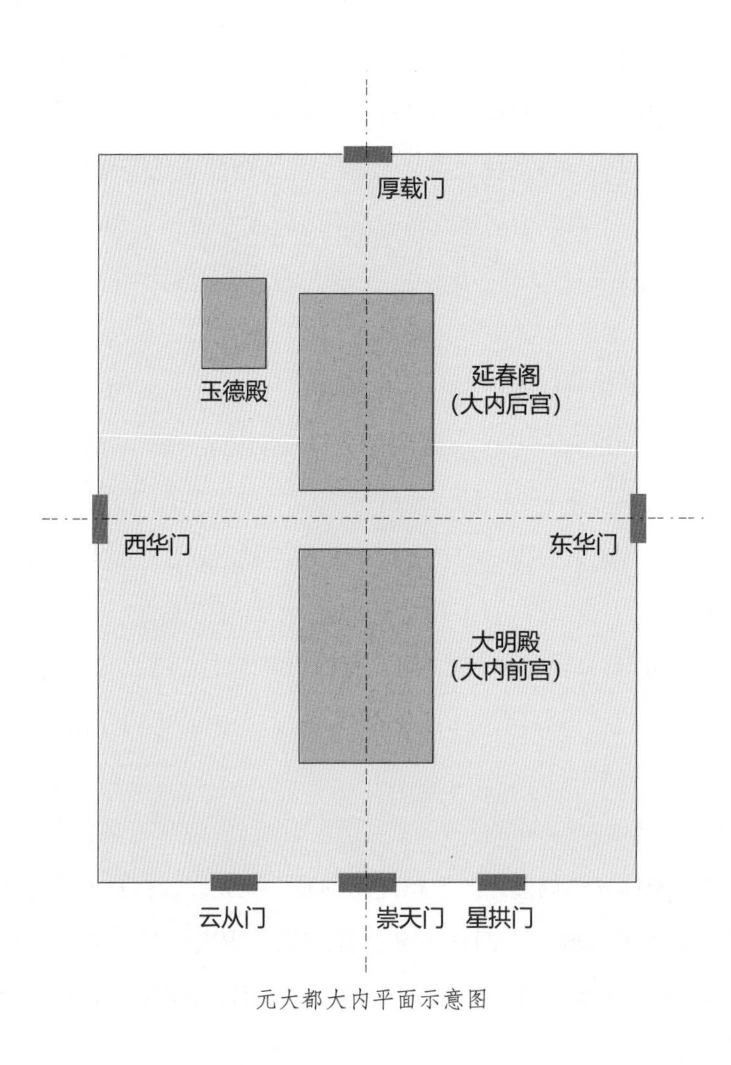

元大都大内平面示意图

（1285）全都建成，历时达十八年之久。其中仅宫城部分，便花了四年的时间，当时征调了中都、真定、顺天、河间、平滦等地的民夫达2.8万余人。实际上参与此项工程的人数远超过这个数字，其所涉及的地区不仅限于全国各地，甚至还有来自亚洲其他国家的各色手工匠人。因此，在大都城的城市规划和设计上，可以明显地看出它不仅继承了我国古代帝都规划建设的原则，并有所发展，而且还引用了域外的建筑形制和技巧。由此可知，大都城不仅是我国各族人民共同创造的杰作，还包含亚洲其他国家人民的智慧。

实际勘探业已证明，元大都的皇城位于全城南部的中央地区，宫城偏在皇城的东部。纵贯宫城中央的南北大路，也就是元大都城的中轴大路，已被发现。考古钻探的结果纠正了以前认为元大都城中轴线偏西的说法，证明元大都的中轴线即明清北京的中轴线，两者相沿未变。

元大都在几何中分线的南端设置了钟、鼓二楼，既表明了这里是大都城真正的中心所在，也以钟声与鼓声来表明帝王的权力。马可·波罗写道："城之中央有一极大宫殿，中悬大钟一口，夜间若鸣钟三下，则禁止人行。"熊梦祥也说："阁四阿，檐三重，悬钟于上，声远愈闻之。"元大都沿用前朝设钟、鼓二楼报时的制度，且将其置于城中心，成为中国都城规划史上的一种创举，并为明清两代所继承。

大都城的街巷

大都城的中心之台和外郭城四至的确定，对于整个城市的街道坊

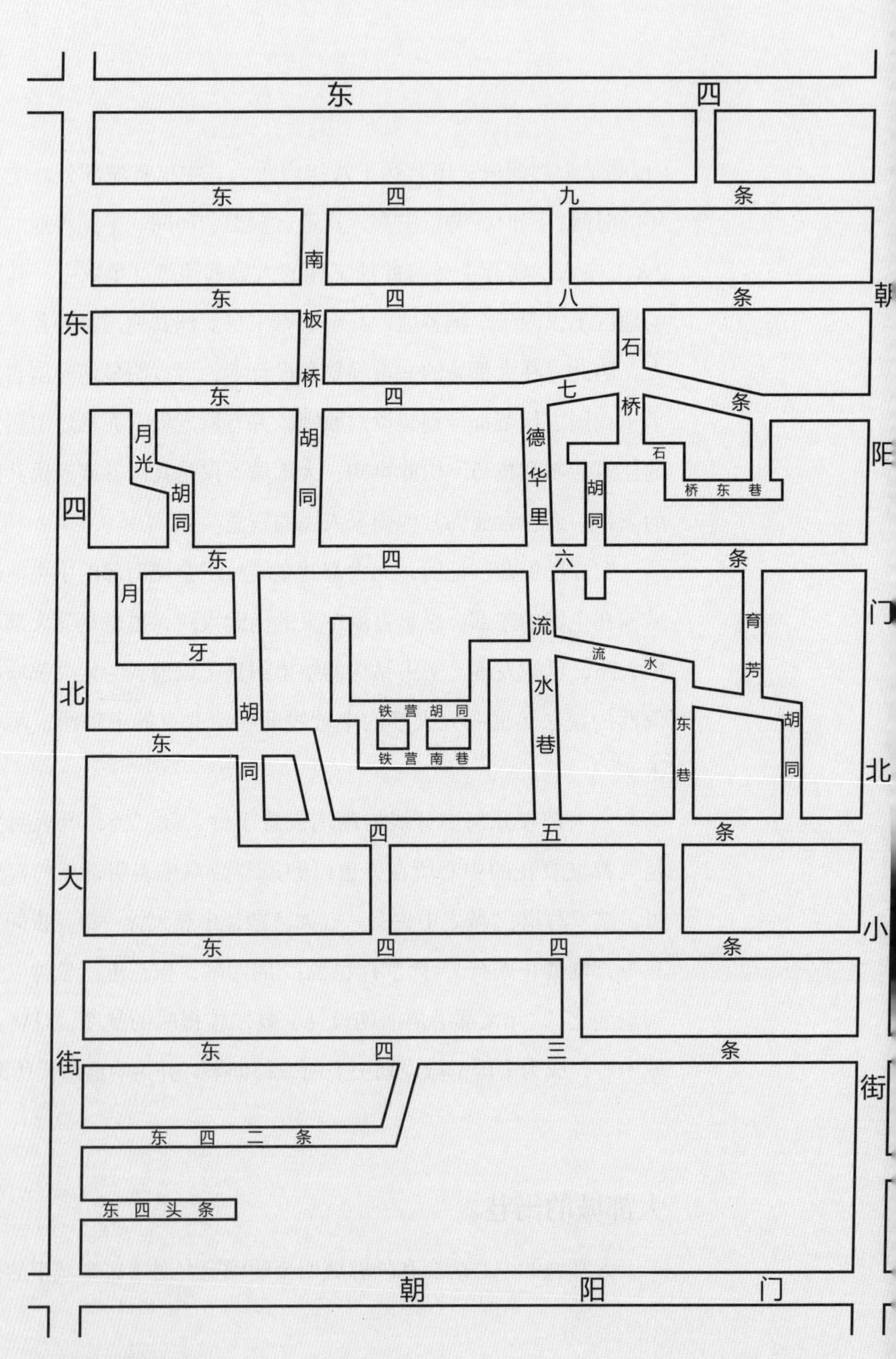

东四
东四九条
东四八条
南板桥胡同
东四七条
石桥
月光胡同
德华里
胡同
石桥东巷
东四六条
月牙胡同
流水巷
流水东巷
育芳胡同
铁营胡同
铁营南巷
东四五条
东四四条
东四三条
东四二条
东四头条
东四北大街
朝阳门北小街
朝阳门

东四地区路段示意图

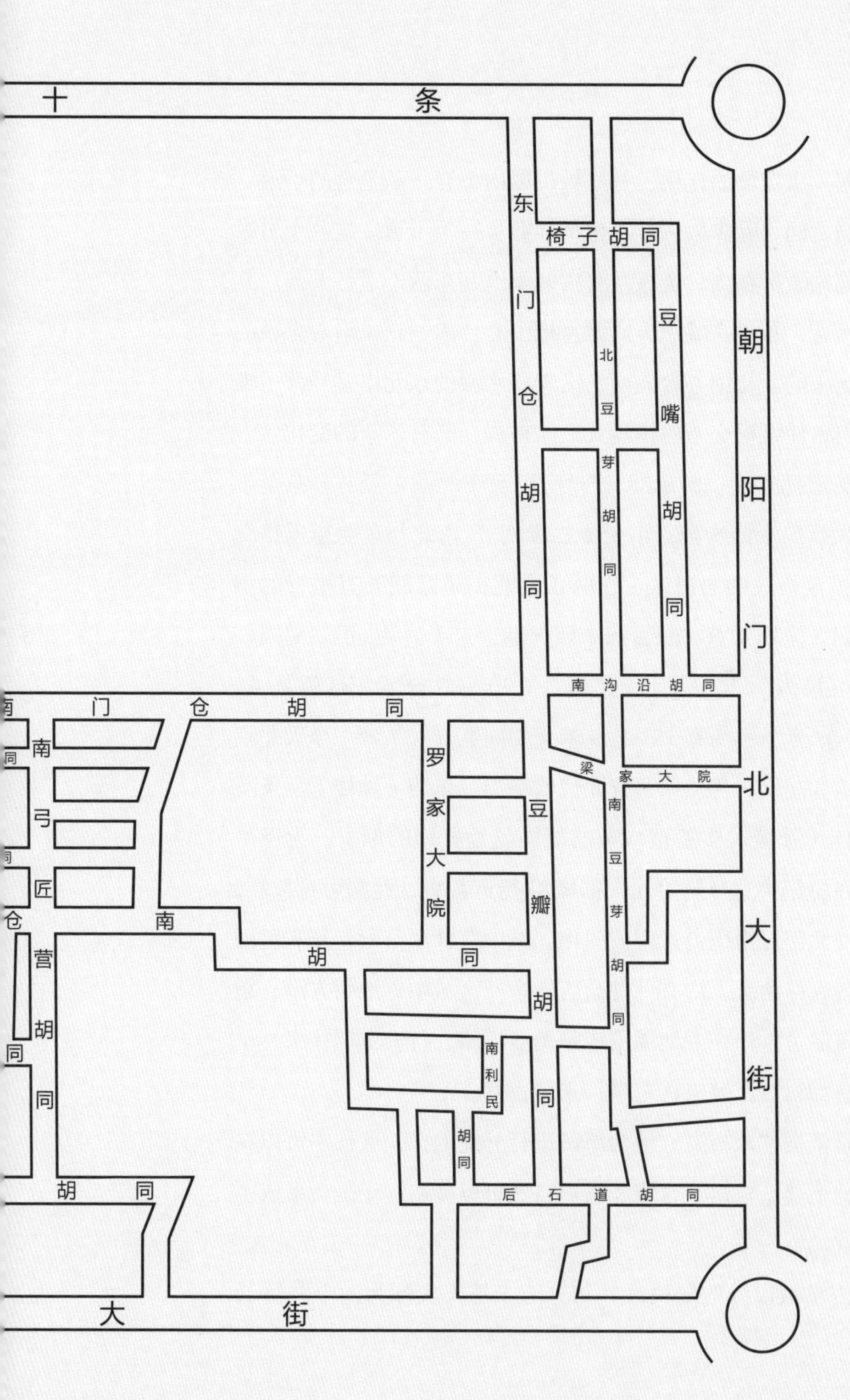
北
十　条
东门仓胡同
椅子胡同
豆嘴胡同
北豆芽胡同
朝阳门北大街
南沟沿胡同
南门仓胡同
梁家大院
罗家大院
豆瓣胡同
南豆芽胡同
南弓匠营胡同
南利民胡同
后石道胡同
胡同
大　街

巷的布局，起了决定性的作用。每座城门以内都有一条笔直的干道。

两座城门之间，除少数例外，也都加辟了一条干道。这些干道纵横交错，连同顺城街在内，全城共有南北干道和东西干道各九条。其中丽正门的干道，越过宫城中央向北直抵中心台前，正是沿着全城的中轴线开辟出来的。从中心台向西，沿着积水潭的东北岸又开辟了唯一的一条斜街，使纵横交错的棋盘式道路格局，又有了新的变化。

全城的街道都有统一的标准。“自南以至于北谓之经，自东至于西名之纬，大街二十四步阔，小街十二步阔。”南北与东西街道相交形成一个个棋盘格式的居民区。在两条南北街道之间开有平行的小巷，称为胡同。全城共有“三百八十四火巷，二十九衖同”。胡同一般宽六步。五尺为一步，元代一尺合今 0.30 ~ 0.32 米。这就是说，大街宽 37 ~ 38 米，小街宽 18 ~ 19 米，胡同宽 6 ~ 7 米。今天北京城内有些街道和胡同，仍然保留着元代的格局。东四（牌楼）一条至十二条、西四（牌楼）头条至八条的胡同就是典型的例子。无怪乎马可·波罗在游记中这样赞美元大都城：“街道甚直，此端可见彼端，盖其布置，使此门可由街道远望彼门也。城中有壮丽宫殿，复有美丽邸舍甚多。各大路两旁，皆有种种商店屋舍。全城中划地为方形，划线整齐，建筑屋舍。……方地周围皆是美丽道路，行人由斯往来。全城地面规划有如棋盘，其美善之极，未可言宣。”

大都城是依据“八亩”方地为单位进行分配的，一般住户可以在这八亩宅基地上建造住房，官僚和富户自然可以多占。于是，形成了一个个四合院。

大都城内皇城以外的居民区共划分五十坊（实际为四十九坊），

坊各有门，门上署有坊名。其名大都源自《周易》《尚书》《孟子》《左传》等典籍。

各坊之间以街道胡同为界，不设封闭的坊墙，以方便居民的出入和交往。《元史·世祖本纪》载："至元二十二年（1285）二月壬戌，诏旧城（指金中都城）居民之迁京城者，以赀高及居职为先，仍定制以地八亩为一分，其或地过八亩及力不能作室者，皆不得冒据，听民作室。"可见当时是先将全城划分成若干份，并按份授地。其基本模数为50步（这个数字是元大都两条胡同之间的距离，它也是大都城内大型建筑，如坛庙、衙署占地的基本模数）。这样，就保证了大都城街坊的整齐划一。如当时的太史院就是南北长四条胡同的距离，即

元代四合院角狮

4×50 步；东西宽三条胡同的距离，即 3×50 步。它虽然突破了胡同的范围，但仍以胡同为单位。再如兴圣宫、隆福宫、中书省、枢密院、御史台、太庙、社稷坛等，其形制是南北长 5×50 步，东西宽 4×50 步；次一级的机构，如大都路总管府、太史院、国子监等，则为南北长 4×50 步，东西宽 3×50 步。一般住宅只能是八亩，例如，在东四三条至四条之间，从西口到东口正好是占地八十亩，可分配住户十家。在城市中严格按照等级来规划建设，正是中国封建社会时期城市规划的特色。

大都城的给排水系统

为了保证城市用水，大都在规划建设中开辟了两条水道。一条是由高梁河、海子（积水潭）、通惠河构成的漕运水系。高梁河由和义门以北入城，汇入海子，再经海子桥往南，沿皇城东墙流出城外，折

元大都东城墙中段发现的石砌排水涵洞排水渠及工匠题记

而往东，直达通州。另一条直接自玉泉山下引水，由金水河、太液池构成宫苑用水水系，又称御沟。金水河由和义门以南约 120 米处的水门入城，东流至今北沟沿南折，经马石桥、前泥洼、后泥洼到甘石桥，进灵境胡同。此水共分两支：一支向东北流，绕过毛家湾，在皇城西北角处向东流入北海；另一支则一直向东流，穿过府右街进入中海（太液池），过周桥，出皇城与通惠河相汇合。由于这是专供宫廷用水的水系，元初就有“金水河濯手有禁”的规定，其后的《都水监记事》记得更清楚：“金水入大内，敢有浴者、浣衣者、弃土石瓴甑其中、驱牛马往饮者，皆执而笞之。”不仅如此，元政府还曾下令禁止在玉泉山“樵采渔弋”以涵养水源。大都城内的普通居民大多饮用井水。“帝王阙内置金水河，表天银汉之义也，自周有之。”由此可见，大都城内金水河的开凿，是与宫阙的规划密切相关的。金水河上的周桥，也同样是传统的旧称。

大都城内主要的南北大街，都设有排水干渠，其两侧更有与之垂直的暗沟，排水方向与大都城内自北而南的地形坡度相一致。这在地面施工之前就已经考虑到并进行设计实施。1970 年考古工作者就曾在今西四十字路口北侧地下发现用青石条砌筑的明渠，其上还刻有“致和元年五月□日石匠刘三”的题记。这是大都城内南北大街的排水干渠，其渠宽 1 米，深 1.65 米。不仅如此，考古工作者还曾在大都城东墙中段和西墙北段的夯土墙基下，发现了两处残存的石砌排水涵洞。涵洞的底部和两壁都用石板铺砌，顶部用砖起券。洞身宽 2.5 米，长约 20 米，石壁高 1.22 米；涵洞内外侧各用石料铺砌出 6.5 米长的出入水口，整个涵洞的石底略向外倾斜；涵洞中心部位装有元大都北土城排水口遗址一排断面呈菱形的铁栅棍，栅棍的间距为 10 ~ 15 厘米；石板接缝处抹白灰，并平打了很多“铁锭”；涵洞的地基满打“地钉”（木橛），在“地钉”榫卯间掺用碎砖、石块夯实，并灌以灰浆，再在此基础上，铺砌涵洞底石和两壁。整个涵洞的建筑做法与《营造法式》所记“卷輂水窗”的做法完全一致，特别是满用“铁锭”、满打“地钉”和横铺“衬石枋”等做法，是宋元时期常见的形式。这不仅说明元初修筑大都城时的官式石工做法，仍继承了北宋以来的传统，而且足以证明其是在修筑之前就已规划设计好了的。

大都城的主要建设者

刘秉忠（1216—1274）是大都城主要的规划设计者，邢州（今河北邢台）人。原名侃，字仲晦，秉忠是入宫后元世祖忽必烈赐给他的名。他少时为僧，法名子聪，自号藏春散人，早年隐居于武安山中（今河北邯郸西），从金临济宗领袖海云禅师入见忽必烈。由于他学问渊博，尤其精通《易经》及邵雍《经世书》，对天文、地理、历法等无不精通，所以深得忽必烈的赏识。忽必烈还在蒙古高原的时候，刘秉忠就已是他的谋臣。蒙古蒙哥汗六年（1256）他曾奉命选址建造开平城（今内蒙古正蓝旗东），蒙古中统四年（1263）升开平府为上都。蒙古至元元年（1264），忽必烈命子聪还俗，复刘氏姓，赐名秉忠，授光禄大夫、太保、参领中书省事。蒙古至元四年（1267），刘秉忠受命筑大都城，《元史 · 刘秉忠传》写道：“（至元）四年，又命刘

元上都遗址航拍

秉忠筑中都城，始建宗庙宫室。八年，（秉忠）奏建国号曰大元，而以中都为大都。他如颁章服，举朝仪，给俸禄，定官制，皆自秉忠发之，为一代成宪。”这就是说，不但大都城是刘秉忠主张建造的，就连元朝的国号，乃至开国的典章制度也是出自刘秉忠的建议。《续资治通鉴》还记载了这样一段话：“景定四年春正月（蒙古中统四年），蒙古刘秉忠请定都于燕，蒙古主从之。”也就是说，忽必烈决定定都北京，也是与刘秉忠的主张分不开的。

忽必烈的近臣刘秉忠在规划设计大都城时起着重大作用。他善于“采祖宗旧典，参以古制之宜于今者”，依据《周易》的哲学理念，按《周礼·考工记》所载有关帝王都城建设的理想蓝图进行规划布局。据陆文圭《广东道宣慰使都元帅墓志铭》载，整个大都城的建造都是在刘秉忠的“经画指授”下进行的。至元十一年（1274）八月秉忠无病而终，时年五十九岁，“帝闻惊悼，谓群臣曰：‘秉忠事朕三十余年，小心缜密，不避险阻，言无隐情，其阴阳术数之精，占事知来，若合符契，惟朕知之，他人莫得闻也。’”

参与城址选择与规划设计的还有赵秉温。他奉忽必烈之命“与太保刘公同相宅”“图上山川形势城郭经纬与夫祖社朝市之位，经营制作之方。帝命有司稽图赴功”。具体负责领导修建工程的还有汉族将领张柔、张弘略父子，行工部尚书段祯（段天佑），蒙古人也速不花，女真人高觿，色目人也黑迭儿，等。其间段祯所起的作用比较大。他不仅自始至终参与了大都城的修建工作，而且在后来还长期担任大都留守。大都城建成后相当一段时间内，城墙、宫殿、官署、河道的维修和增设，也是他负责的。实际上，大都城的宫殿建筑糅合了不少域外的建筑技巧和风格，像建筑上的盝顶殿、棕毛殿、维吾尔殿等，在元宫中也大量使用。总之，元大都城集辽、金、元三代都城规划之大成，成为中国城市规划和建设史上一份珍贵的遗产。

郭守敬（1231—1316）是元代杰出的科学家。邢州（今邢台）人，字若思，青年时代曾从学于刘秉忠门下。他擅长水利工程和天文历法，精于测量学，为大都城的水利工程，乃至古代天文历法都做出过重大的贡献。《新元史》列传载，郭守敬“生有异禀，巧思绝人”，“守敬禀承祖业，天文、历数、仪象制度、水利之学，冠绝一时”。

郭守敬为了引水济漕，解决大都城的漕运问题，亲自踏勘了大都城西北沿山地区的泉流和水道，并进行了精密的地形测量。他发现大都城西北六十里外的神山（今昌平区化庄村龙山）下有一眼白浮泉，出水甚旺，其地稍高于大都城，可开渠导引至大都城中。只是中间隔着沙河、清河河谷，难以跨越。于是，郭守敬便决定先将白浮泉水西引，然后循西山山麓，沿着平缓的坡降，汇集傍西山的诸多泉流，开渠筑堰，名为白浮堰，导入瓮山泊（今昆明湖），再由瓮山泊浚治旧渠道，从和义门北水关入大都城，汇入积水潭内。其下游从积水潭东南出万宁桥，沿皇城东墙外南下出丽正门东水关，转而东南至文明门外，与金时的旧闸河相接，直抵通州，从而为大都城开辟了前所未有的新水源。

为了节制流水，提高水位，郭守敬便在坡度较大的河段，设置上下双闸交替启用，以调剂水流，便于漕船通行。《郭守敬传》中说："每十里置一闸，比至通州，凡为闸七，距闸里许，上重置斗门，互为提阏（闸板），以过舟止水。"新闸河从白浮泉引水处算起，下至通州高丽庄入白河（今北运河），当时实测总长一百六十里一百四十步。

这项水利工程于至元二十九年（1292）动工，第二年就全部完工。从此河运畅通，南来的船舶结队停泊在积水潭里，时值忽必烈从上都归来，"过积水潭，见舳舻蔽水，大悦"，遂赐名通惠河。

通惠河开凿成功，在北京的城市规划建设史上是一件大事。郭守敬不仅为解决大都城的水源做出了卓越的贡献，他在科学技术方面的创造发明更为大都城增添了异彩。

据史书记载，元初为了颁布新的历法，于至元十三年（1276）设立太史局，后改称太史院。这是专管天文观测和制定历法的中央机构。郭守敬担任太史院的副长官和改订历法工作的实际负责人。当时

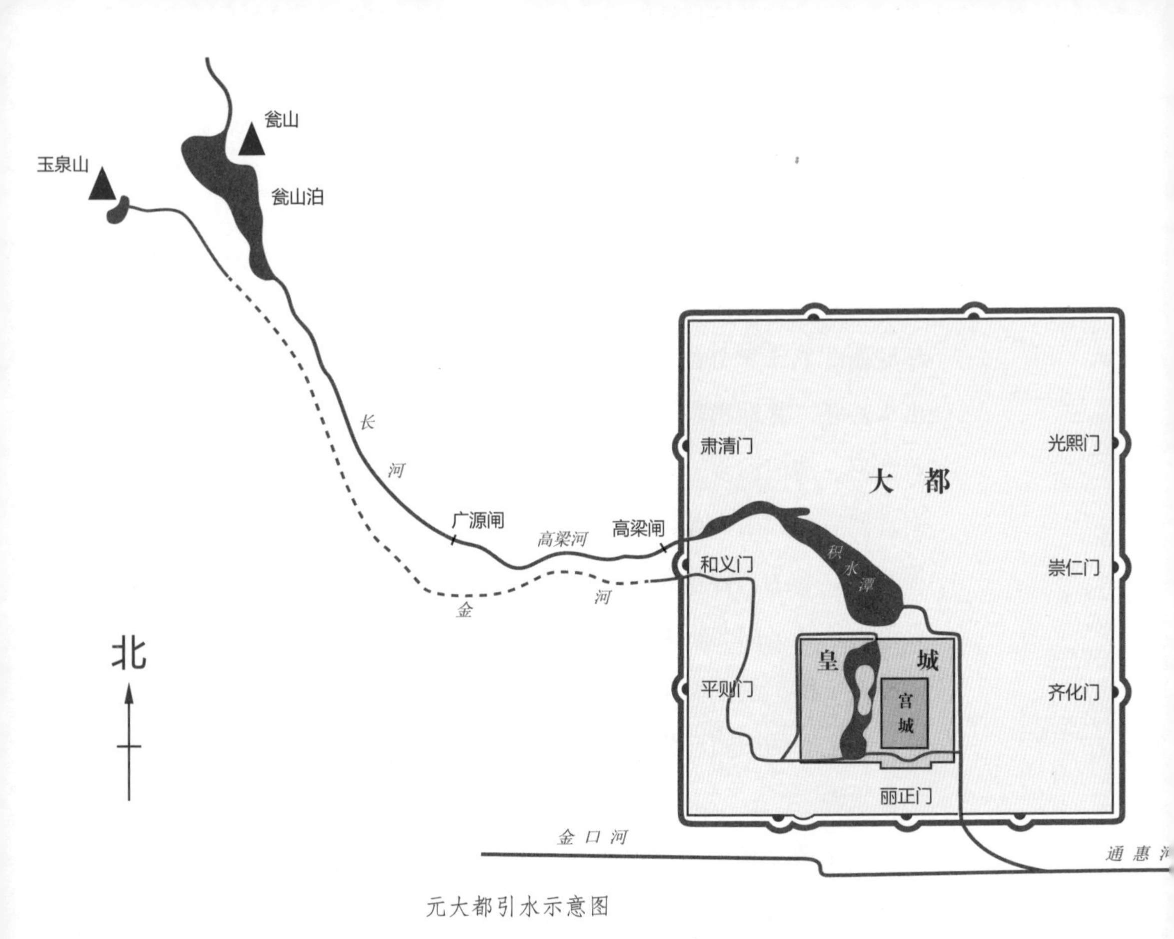

元大都引水示意图

大都城保留了一些北宋时代的旧天文仪器，乃是金军攻陷汴京时掳掠而来的，大部分已经不能使用。为改订历法进行天文观测，郭守敬立即着手进行两方面的工作：首先，他创制了一整套天文仪器，包括简仪、高表、候极仪、浑天象、玲珑仪、仰仪、玄运仪、证理仪、景符、窥几、日月食仪、星晷、定时等，以及供野外天文观测用的正方案、丸表、悬正仪、座正仪等。接着，他奏请“建司天台于大都”，获准。至元十六年（1279）春，大都司天台兴工修建，地址选在“都邑东墉下”。整个建筑南北长二百步，东西宽五十步，上下分为三层。最下一层是太史院官署，中层和上层是天文台的主体部分，称为灵台，即司天台。中间一层分为八个室，按乾、坎、艮、震、巽、离、坤、兑八个方位划分，用来放置计时的漏壶，以及收藏天文、历法书籍，有几个室还绘有天文图。台顶（上层）安放各种天文观测仪器，如简仪、仰仪、正方案等。另外，在灵台左边还筑有小台，放置玲珑仪，右边设置测量日影高度的高表和石圭。台前还建有印历工作局，专门印刷历书。

由此可见，郭守敬制造的天文观测仪器和大都司天台的设施是相当齐备的，在当时的世界上也是先进的。令人痛惜的是，郭守敬制作的实物，在清康熙五十四年（1715）被西方传教士所毁，唯有他首创的大都司天台，经过明清改建，称为观象台。这座改建后的观象台，至今还屹立在北京建国门立交桥以南，好像巍峨的丰碑，纪念着元代这位伟大科学家不朽的功勋。

大都城的建设者，还有来自太行山下曲阳县（今河北省保定市曲阳县）阳平村的石工杨琼，以及来自闫家疃即他的同乡石工王道、王

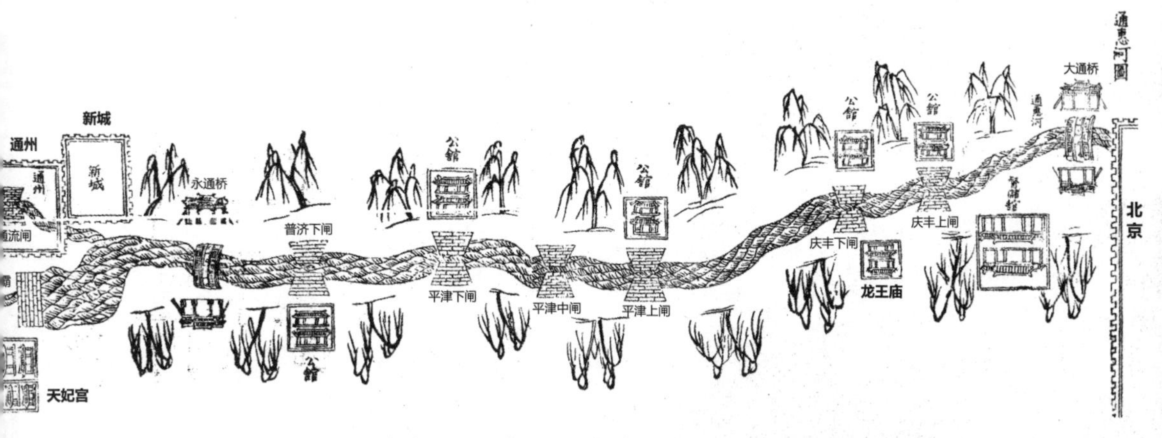

明《通惠河志》中的“通惠河图”及水闸

浩兄弟。杨琼从小就学习石雕艺术，技术高超，能自出新意，人莫能及，很受忽必烈的赏识。忽必烈先筑上都，后筑大都，杨琼参加了这两个都城宫殿和城郭的营建。王道、王浩兄弟也和杨琼一起参加了大都城的营造建设。元大都宫殿中，础确墀陛，雕镌极为精美，宫中陈设的奇器、建筑小品，乃至棂星门内金水河上的三座白石桥（周桥）及其栏楯，凡用石材之处，无不出自杨琼等人之手，而且都显示出了高超的建筑技艺。所有这些都与杨琼等民间石匠艺术家的创造分不开。他们为我国建筑工程的石雕艺术所做的贡献是巨大的。

建国门立交桥南的古观象台

大都城的历史文化价值

据建筑学家张驭寰先生回忆，当年他在清华大学建筑历史研究室工作时，梁思成先生曾说过这样的一番话："英国有一位建筑大师来华参观，在北京金鳌玉蝀桥上看到桥的南北都有浩瀚的水面，其开阔与平静令人欣赏，引人遐想。他甚至说，中国人真伟大，在这样一个对称式的城市里，突然有这样不对称的海，这是谁也想不到的，能有这样的规划建设的思想、手法，真是大胆的创造。"当时的积水潭（海子，包括今什刹海前海、后海、西海，以及业已消失了的太平湖）自西北而东南延展，水面非常辽阔，总面积有数千平方米，垂柳依依，绿丝拂岸。满目荷菱，惠风徐来，清香扑面。其下游（即今之北海、中海）水面虽没有积水潭平远浩渺，但也芦偃荷香，风景优美。其周围琼楼玉宇、飞檐画栋，互相掩映。大都城无疑是当时世界上最美丽的都市之一。

元大都城是我国农耕文明时期传统都城的典型。它既追求《周礼·考工记》所提出的王城规制的理想模式，又不拘泥于其城郭制度，而是依据特有的自然地理条件因地制宜地确定了城市空间布局的中轴线，且依南北、东西相交而成的棋盘式道路井然有序地以里坊制的形式部署了全城的居民区。

大都城内，宫城位于南部的中央，宫城正北、中心阁周围地区是商业最集中的地方。太庙在宫城以东、齐化门内；社稷坛在宫城以西、平则门内，这是符合《周礼·考工记》面朝后市、左祖右社的布局原则的。而且城门两两相对、大街纵横交错，连同顺城街在内，也与《周礼·考工记》中的九条之数相符，只是城略作长方形。北面也

北京什刹海城市夜景

传承汉魏洛阳以来都城北墙正中不开门的传统，只有二门，而不是三门，这主要是受当时地理条件和古代风水理论的制约，再加上河湖水系的影响，又使得在规整的街道系统中出现了一些变化。而通惠河的开凿，不仅满足了大都城漕运的需要，而且促进了南北经济、文化的大交流、大融合，形成了以积水潭码头为中心的商业、文化、娱乐中心。大都城成为13世纪中国最伟大、最繁荣的城市，就是在当时的世界上也是规模最大、最繁荣的城市之一。

总之，大都城的营建是经过精心规划设计的。它是中国农耕文明传统都城的典型。它既追求《周礼·考工记》中所提出的王城规制制度，又不拘泥于其城郭制度，而是根据自身的自然地理条件，因地制宜地确定都城的空间布局、中轴线、棋盘式街巷、里坊制等，而且是“先地下（铺设市政排水系统）后地上”进行建设的。它既继承了古代《周礼·考工记》有关都城建设的理想设计，又因地制宜地加以创造性的发展。作为一个封建帝王的都城，它的总体规划具有鲜明的特色。在明朝永乐帝决定迁都北京之后，在此基础上又进行了大规模的改建、扩建，进一步拓展了它所要表达的主题思想——“普天之下，唯我独尊”，从而取得了更加突出、更为理想的效果。

北京城，中国历代都城的最后结晶

燕王的“靖难之役”与永乐迁都

明朝原定都南京。从明代初期起，一方面，为了防止倭寇在沿海地带陆续建造大小城堡和海防基地；另一方面，为了防御蒙古贵族武装的南扰，又动员了大批人力、物力修筑长城，建造关隘，前后延续近二百年之久。

明太祖为了巩固其政权，大力提倡儒家的伦理道德和封建礼制。在定鼎金陵之后历时二十一年建成的应天府城，城垣四重（外城郭、内城、皇城、宫城），为我国建城史上的孤例。内城南、西两面紧贴秦淮河，东傍紫金山和玄武湖，城门十三；外城东包紫金山，南包雨花台，西北两面直抵长江，城门十八。据《续通志》载，明“京城周九十六里”。皇城位于城之偏东，中有宫城。其外朝三大殿为奉天殿、华盖殿、谨身殿，后廷有乾清宫、坤宁宫等（建文帝时在二宫之间加筑了省躬殿)。午门外御道两侧，东为太庙、西为社稷坛，承天门前御道两侧排列着中央官府，主要是五府五部(六部中的刑部在太平门外)。五府是中、左、右、前、后等五军都督府；五部是吏、户、礼、兵、工。

据《明成祖实录》记载：明永乐十八年(1420)建北京，“北京营建，凡庙社郊祀坛场、宫殿、门阙规制，悉如南京，而高敞壮丽过之”。

明太祖洪武元年(1368)八月，徐达、常遇春率军突破齐化门、攻下大都之后，朱元璋立即把它改名为北平府，取“北方太平”之意，但实际上当时的北方“大元帝国皇帝”，念念不忘大都。他曾作歌曰：“失我大都兮，冬无宁处……”此外，元将扩廓帖木儿(王保保)还在太原拥有陕、晋之军残余，时时企图进攻北平。诚《明史纪事本末》所谓：“引弓之士，不下百万众也；归附之部落，不下数千里也；资装铠仗，尚赖而用也；驼马牛羊，尚全而有也；……元亡而实未亡耳！”因此，为便于军事上的防守，徐达等在攻占大都之后，便把大都北部曾因遭火灾而显得比较空旷、荒凉之地让出——将北城墙南退五里，并依自海子东流的一条天然小河作护城河，在其南侧砌筑新城垣。其西段在遇到旧日海子(积水潭)宽阔的水面时，为工程计，不得不选择水面最窄处与原西城墙相接，从而形成了一斜角，且亦把积水潭西端的一部分水面隔在了城外。北城墙南移之后仍保留二门，并在北平周围设“六卫”——大兴左卫、大兴右卫、燕山左卫、燕山右卫、永清左卫、永清右卫分兵把守。从此，北平府就比较太平了。

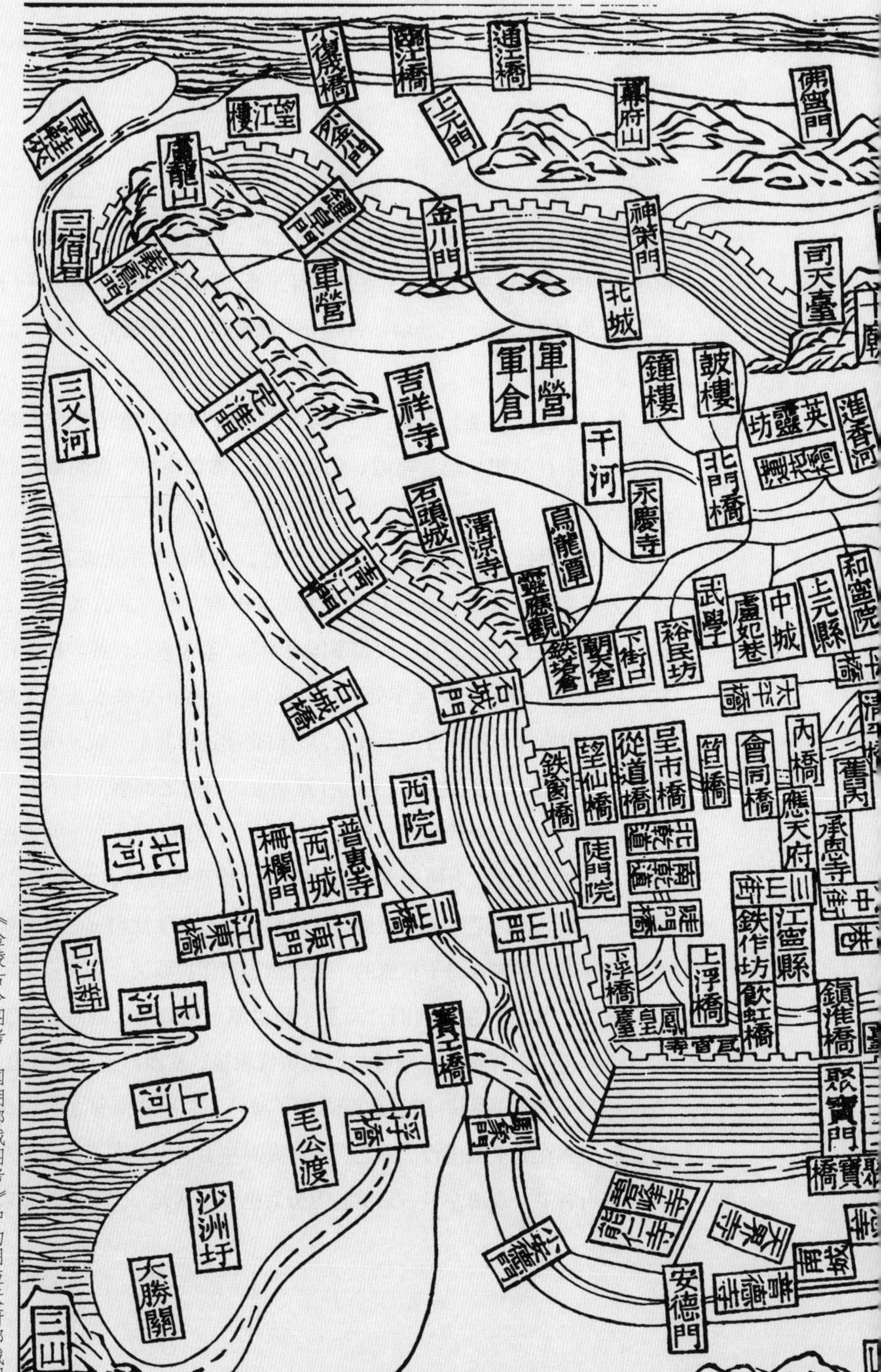

《金陵古今图考·国朝都城图考》中的明应天府都城图

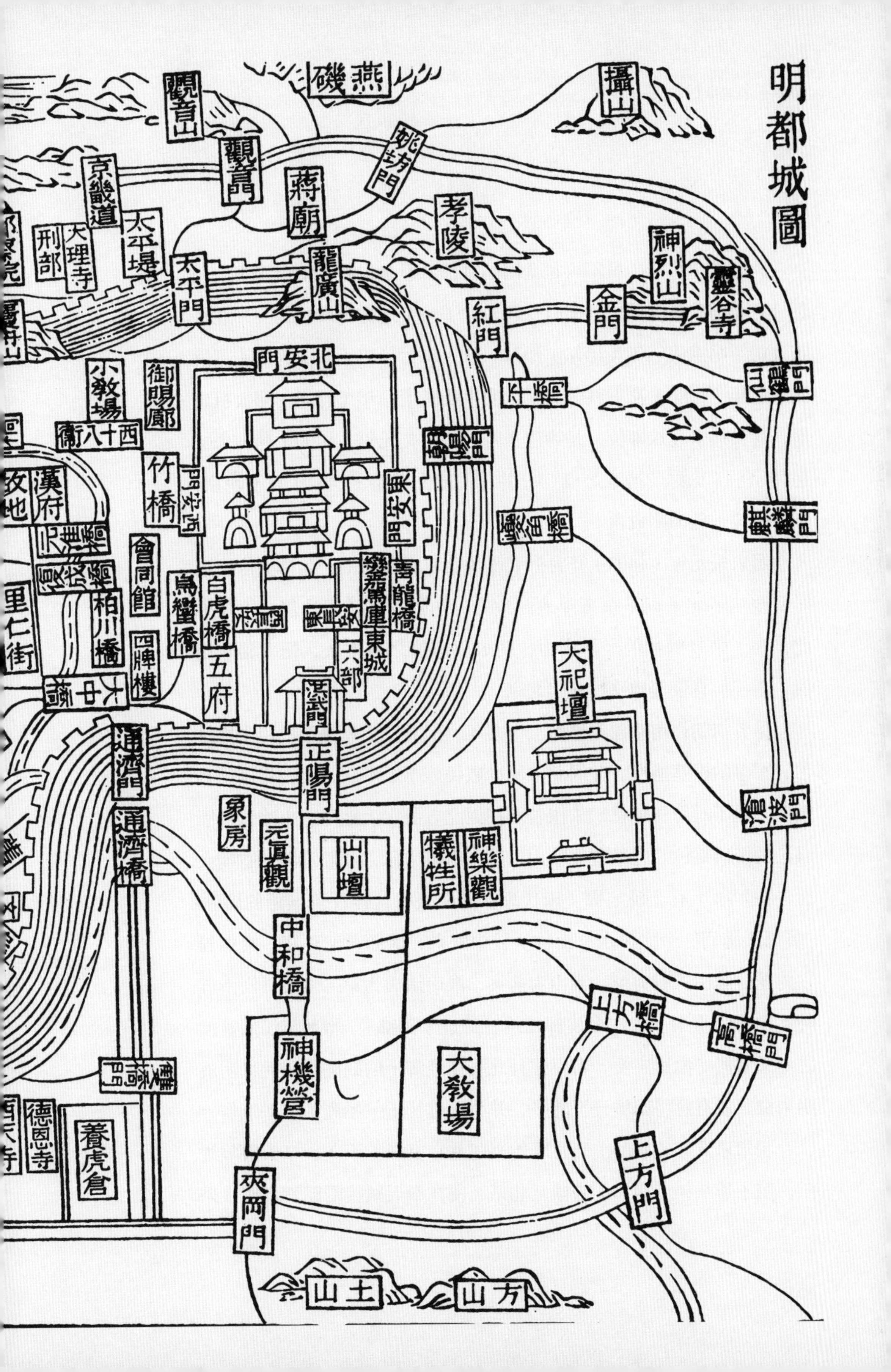

燕磯
攝山
觀音山
觀音門
姚坊門
蔣廟
孝陵
京畿道
太平堤
大理寺
刑部
太平門
龍廣山
神烈山
靈谷寺
金門
紅門
北安門
小教場
西十八衛
竹橋
西安門
東安門
會同館
烏蠻橋
白虎橋
青龍橋
五府
六部
東城
四牌樓
柏川橋
漢府
里仁街
洪武門
通濟門
正陽門
大祀壇
象房
通濟橋
元真觀
山川壇
神樂觀
犧牲所
中和橋
上方橋
神機營
大教場
上方門
夾岡門
養虎倉
德恩寺
土山
方山

明都城圖

此时的北平府，虽不再是全国的首都，但是在政治上、军事上仍然具有相当重要的地位。同时，还建立了一个地方行政机构——北平布政司。明洪武三年（1370）四月，朱元璋封第四子朱棣为燕王。洪武十三年（1380）燕王就藩北平。明洪武三十一年（1398）明太祖驾崩，其长孙朱允炆即位，是为建文帝。明建文元年（1399）燕王朱棣起兵北平（史称“靖难之役”），并于明建文四年（1402）攻下南京，夺取帝位，是为明成祖。

明永乐元年（1403）正月升北平为北京，改北平府为顺天府。这样就改变了北平仅是军事要地的地位，加强了其政治功能。不仅如此，为了恢复幽燕的经济实力，明成祖即位之后不久，便下诏从山西、浙江、直隶等地移民充实北京。

尽管明朝在南京建都已有三十多年，但北京毕竟是明成祖朱棣政治、军事的根基所在。此时北方的少数民族不断崛起，蒙古贵族的残余势力也不时南下侵扰，朱棣若不控扼北方的广大地区，也难以巩固自己的统治地位。北平背靠燕山山脉，南俯中原，左环沧海，右拥太行，在军事上有金汤之固。宋代理学家朱熹曾这样评价幽燕的形胜：“冀都天地间好个大风水。山脉从云中发来，前面黄河环绕。泰山耸左为龙，华山耸右为虎。嵩山为前案，淮南诸山为第二重案，江南五岭诸山为三重案。故古今建都之地皆莫过于冀都。”北平与江南富庶之地又有河海漕运之便，可以弥补北平在经济上的缺陷。因此，明成祖朱棣早就有意将都城迁至北平，并为此进行了一系列的准备工作。

明永乐五年（1407）五月开始兴建北京宫殿。不久，奉天殿等竣工；明永乐八年（1410）朱棣至北京，便在奉天殿接受朝贺。明永乐十三年（1415）修筑北京城垣，明永乐十四年（1416）八月，修北京西宫，同年十一月，复诏文武群臣集议营建北京之事。此时，又有公侯伯五军都督等上疏曰："窃惟北京河山巩固，水甘土厚，民俗淳朴，物产丰富，诚天府之国，帝王之都也。皇上营建北京实为子孙帝王万年之业。""伏惟北京，圣上龙兴之地，北枕居庸，西峙太行，东连山海，南俯中原，沃壤千里，山川形胜，是以控四夷，制天下，诚帝王万世之都也。……伏乞早赐圣断，敕所司择日兴工，以成国家悠久之计，以副臣民之望。"（《明太宗实录》）永乐帝准奏。于是，更大规模的营建北京城工程，便由此开始了。明永乐十五年（1417）四月建西宫城；明永乐十七年（1419）十一月展拓北京南城，即将原大都城的

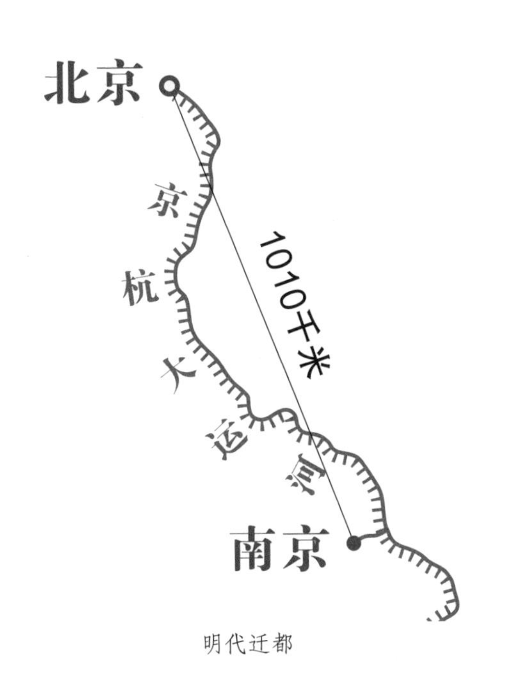

明代迁都

南墙（今东西长安街南侧一线）南移约二里（今前三门大街一线）。明永乐十八年（1420）十一月，北京宫殿城池告成。翌年正月初一，便以北京为京师，正式迁都北京。明成祖诏告天下曰："眷兹北京，实为都会，惟天意之所属，实卜筮之攸同。乃仿古制，徇舆情，立两京，置郊社宗庙，创建宫室，上以绍皇考太祖高皇帝之先志，下以贻子孙万世之弘规。"(《明太宗实录》)

显而易见，明成祖建都北京是一项固国之举。此举与明王朝维持了约三百年的大一统局面，关系甚为密切。因为，北京作为国家的政治、军事中心，就近指挥长城一线的军事防御、抗击蒙古贵族军队的进攻，保证了国家的统一政权，对我国多民族大一统国家的形成和发展起过相当重要的作用。

对此，清乾隆帝在《御制过清河望明陵各题》中曾做了高度的评价："永乐十九年（1421）将迁都北京，诸臣佥云不便。主事萧仪、侍读李时勉言尤峻切。成祖怒杀仪，下时勉狱。虽不无过当，然燕地负山带海，形势雄伟。临中夏而控北荒，诚所谓扼天下之吭，而拊其背者。金元俱都于此，比建康（南京）相去天渊。成祖就封北平，屡经出塞。天险地利，筹之已熟。故即位后决计迁都，卓识独断，诚非近虑者所及也。"

明北京城的规划建设

明永乐帝迁都北京，并在元大都城的基础上依据明临濠（今安徽凤阳）中都城和南京城的规制进行了改建。明代的北京城不仅典型地体现了我国封建社会帝王之都的规划设计思想，而且奠定了北京旧城的规模和格局。在北京城的发展历史上，这是极为重要且辉煌的一页。

明城墙是在元大都城土城垣的基础上拓展改造而成的。据《顺天府志》："洪武初，改大都为北平府，缩其城之北五里，废东西之北光熙、肃清二门，其余九门仍旧。大将军徐达命指挥华云龙经理故元都，新筑城垣，南北取经直，东西长一千八百九十丈（约6048千米），又令张焕计度元皇城，周围一千二百零六丈（约3859米），又令指挥叶国珍计度南城，周围凡五千三百二十八丈（约16949米）。南城，故金时旧基地。改元都安贞门为安定门，健德门为德胜门……创包砖甓，周围四十里。其东南西三面各高三丈（10米）有余，上阔二丈；北面高四丈有奇，阔一丈。濠池各深阔不等，深至一丈有奇。阔至十八丈有奇。城门为九，南三门：正南曰丽正，左曰文明，右曰顺承；北二门：左曰安定，右曰德胜；东二门：东南曰齐化，东北曰崇仁；西二门：西南曰平则，西北曰和义。"14世纪末，明洪武年间，当北平尚未成为新王朝的京城时，其范围和城墙情况大抵如此。东、西、南三面的旧土墙已开始用砖包砌。

明永乐十七年（1419）展拓南城墙。"正统元年（1436）十月命太监阮安、都督同知沈清、少保工部尚书吴中率军数万人修建京师九门城楼。"据《明英宗实录》，这一工程进行了4年，直到明正统四年（1439）才完工。此时的北京城墙不仅建筑了城楼，门外还设立了箭楼，连月牙城也修起了城楼；城四隅立角楼，各门之外立牌楼。同时又加深了城濠，并用砖石衬砌两壁。城门外原以木桥通渡，现全部

1900 年八国联军为修建铁路打通北京城墙，可见夯土墙心

撤去，改用石桥，并设立了水闸。这样，整座城墙、濠沟已颇具规模。《明典汇》说，“焕然金汤巩固，足以耸万年之瞻矣”。

碧绿的濠水自城西北角入，环城而东，历九桥九闸，再从城东南隅经大通桥流下。开始，城垣仅外城砌有砖皮。正统十年（1445），把城垣的内侧也统统用砖包砌了起来。九门的名称除北城墙的德胜、安定两门而外，南面的丽正、文明、顺承改称正阳、崇文、宣武；东面的崇仁、齐化改称东直、朝阳；西面的和义、平则改称西直、阜成；城四角各置角楼一座，是为内城。

北京外城的修筑是在明嘉靖年间进行的。嘉靖以后，由于行会制度的推广，加上士子来京考试的需要，正阳门外、宣武门外不断有行会会馆和各地会馆的建设，更促进了大城以南关厢一带的繁荣。当年元大都初建成时，对城内住宅“份地”的分配，只限于蒙古贵族和官吏、富人，原来住在南城（即金中都城）的穷人就不可能迁入大都城内，只能逐渐就近向大都南郊定居，许多穷苦人民没资财，也往往到南郊谋生。随着南郊商业的发展，居民日增，城南开发成大片市肆及居民集中区。

据《明典汇》载，明成化十二年（1476）八月，定西侯蒋琬上言：“太祖皇帝肇基南京，京城外复筑土城，以护居民，诚万世不拔之基也。今北京只有内城而无外城，正统己巳之变，额森（即也先）长驱直入城下，众庶奔窜，内无所容，前事可鉴也，且承平日久，聚众益繁，思为忧患之防，须及丰亨之日。况西北一带，前代旧址犹存（即元代旧有土城），若行劝募之令，加以工罚之徒，计其成功，不日可待。”

明嘉靖年间，由于蒙古骑兵多次南下扰掠，甚至迫近北京城郊。因此屡有加筑外郭城的建议。明嘉靖二十一年（1542），掌都察院毛伯温建议：“古者有城必有郭，城以卫民，郭以卫城，常也。若城外居民尚多，则有重城，凡重地皆然，京师尤重。今城外之民殆倍城中，宜筑外城。”《明世宗实录》载，明嘉靖三十二年（1553）给事中朱伯辰言：“城外居民繁夥，不宜无以圉之。臣尝履行四郊咸有土城故址，环绕如规，周可百余里。若仍其旧贯，增卑补薄，培缺续断，可事半功倍。乃命相度兴工。乙丑，建京师外城兴工，敕谕陈圭、陆炳、许论提督工程。四月，上又虑工费重大，成功不易，以问严嵩等。嵩等乃自诣工所视之，还言宜先筑南面，俟财力裕时再因地计度以成四面之制。于是，嵩会圭等议复：前此度地画图原为四面之制，所以南面横阔凡二十里，今既止筑一面，第用十二三里便当收结，庶不虚费财力。今拟将见筑正南一面城基东折转北，接城东南角，西折转北，接城西南角，可以克期完报。”

这是因为，正南一面不仅有永乐帝迁都时已经建成的天坛和山川坛（后改先农坛），而且也是居民稠密的地区，特别是正阳门和宣武门外的关厢，接近中都旧城。当初中都旧城中未能迁入大都新城的居民，后来逐渐向大都南门外移动，集中居住在丽正门和顺承门一带。永乐年间展拓北京南城墙，虽将南郊一部分居民圈入城中，但仍有大部分居民隔在新筑的南城之外。嘉靖年间增筑外城时，既然无力大兴土木，以成“四周之制”，便只好先把环抱南郊的城墙修筑起来。外城的工程于明嘉靖四十三年（1564）完工。自此，北京城便在平面图上构成了一个特有的“凸”字形轮廓。完工后的外城，全长 28 里，设门 7 座：正南为永定门，其东为左安门，其西为右安门；东向为广渠门，西向为广宁门（清改广安门）；东、西与内城交接的两小门，东为东便门，西为西便门。明嘉靖四十三年又增修了各门的瓮城。

经实测，整个北京城墙的内城墙东西长 6650 米，南北长 5350 米；外城墙东西长 7950 米，南北长 3100 米。但是，这个外城的商业区和居民区是自然地逐步发展形成，而且许多地方是由小商贩和穷人搭盖的棚房。大街只有正阳门通到永定门的大街是笔直的，还有崇文门到蒜市口，宣武门到菜市口与骡马市街的交接点的两条较短的南北大街是直的。其余街巷大多是曲折狭小或是斜向的街巷。从正阳门至虎坊桥一带，因元时南北两城的不断交往而形成东北—西南向的斜街，也

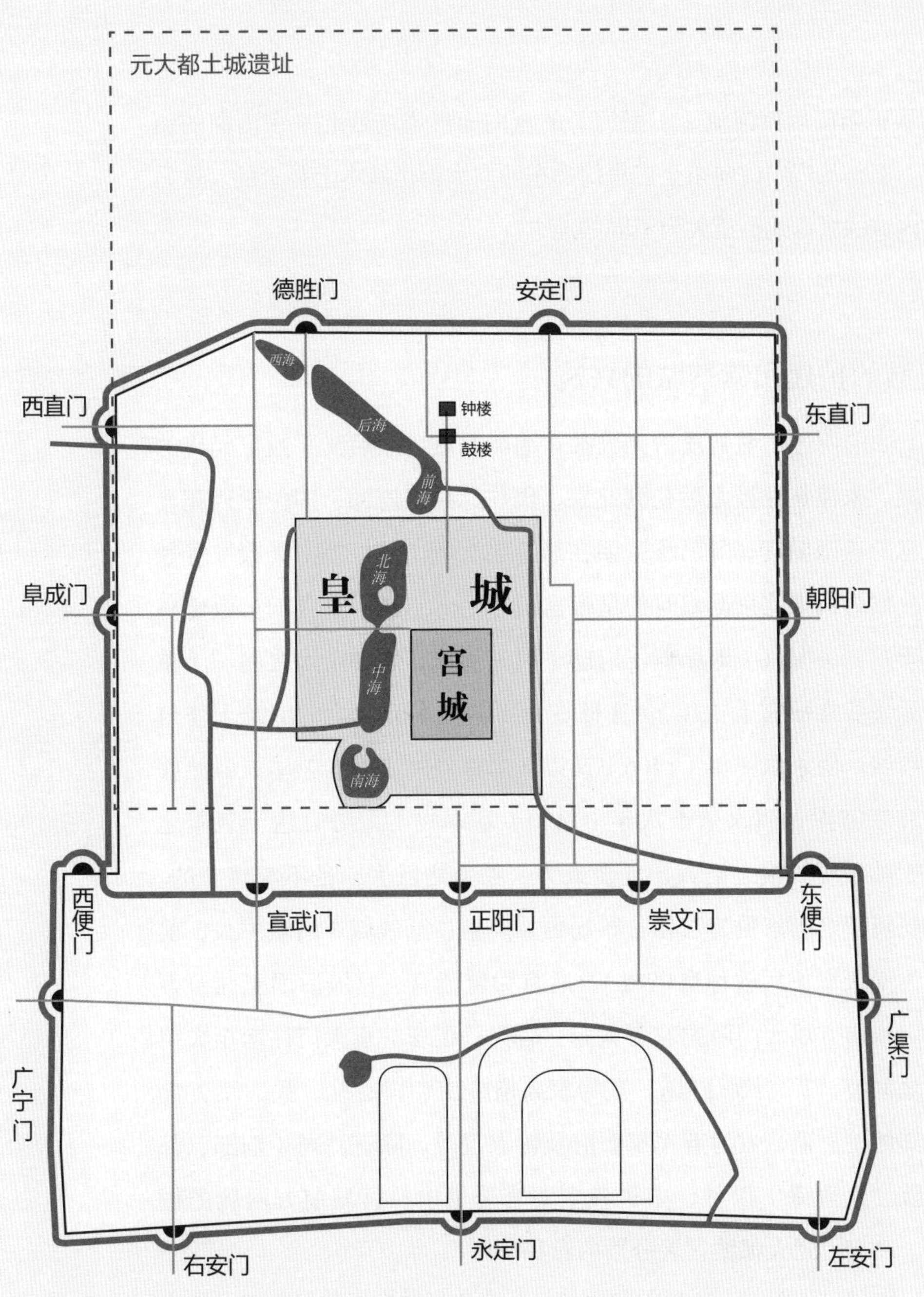
元大都土城遗址
德胜门
安定门
西海
后海
钟楼
鼓楼
前海
西直门
东直门
北海
皇
城
阜成门
朝阳门
中海
宫
城
南海
西便门
宣武门
正阳门
崇文门
东便门
广渠门
广宁门
右安门
永定门
左安门

明顺天府示意图

有从正阳门因就河流（三里河）的流向而形成的西北—东南向的斜街。但是从广宁门向东至广渠门的东西向大街也基本上是直的。这是与内城的棋盘式街道大为不同的地方。

皇城的扩建和紫禁城的兴筑

如前所述，明初攻占元大都在缩减北城，之后又平毁了元代的宫城。朱棣在登极之后初到北京，仍住原燕王府邸，即位于西苑元故宫的燕邸旧宫。既已称帝便在燕王府宫殿上冠以“奉天殿”等额名，作为他来北京巡幸时的皇帝宫殿。“至十五年（1417），改建皇城于东，去旧宫（即原燕王府邸）可一里许，悉如金陵之制。”（单士元《我在故宫七十年》）亦即在元太液池东元大内的旧址上修筑紫禁城。明永乐四年（1406）又以明南京城的宫殿为蓝本，开始修筑北京宫殿，明永乐十八年（1420）基本竣工，历时达十五年之久。其工程规模之浩大，耗费人力、物力之巨大，是不难想象的。其规模较之南京更为宏伟、布局更加严整：紫禁城在内城中央，前朝为奉天殿（后改称皇极殿），后宫为乾清宫。宫城后面正北筑万岁山；前方承天门两侧左为太庙、右为社稷坛。承天门往南至大明门之间有“T”字形广场，左为宗人府，吏、户、礼、兵、工五部及其他院、监；右为五军都督府及锦衣卫等。除三法司（刑部、都察院、大理寺）以外，中央各主要官署集中在宫城前方两侧的做法，改变了元大都城官署分散的布局。

当时，首先完成的是宫城紫禁城。明代的紫禁城是沿用了元朝大内的旧城而稍向南移，周围加凿了护城河，一律用条石砌岸，俗称筒子河。随后又拓展了旧皇城的南、北、东三面，从而扩大了紫禁城与皇城之间的距离。

紫禁城南北长九百六十米，东西宽七百六十米，东西两墙的位置仍因元大内旧址，只是南北两墙分别向南推移了约四百米和五百米。紫禁城的四角有华丽的角楼，号称“九梁十八柱”。紫禁城正南的午门，正当元皇城棂星门的旧址。午门内的金水桥亦即元时周桥。在金水桥北新建奉天门（后改皇极门）。

宫城采用“前朝后寝”的形制。前面是外朝的三大殿，后面是作为寝宫的后三殿和东、西十二宫。其间的排列乃至名字都象征着宇宙、日月星辰。总之，是极尽各种方法来表明宫城是万物的中心，是“天地会合、四季融和、风调雨顺、阴阳交泰之处”，是皇帝“屹立于天下中心，安抚四海万民”之所在。

在奉天门内，在元大内崇天门直到大明门的旧址上，先建奉天殿，后又建华盖殿（后改称中极殿）、谨身殿（后改称建极殿），是为外朝三大殿；其后为乾清门，内有后三殿即乾清宫、交泰殿、坤宁宫，均奠基于元代前朝大明殿的旧址之上。这前后六座大殿，像元朝大明殿和延春阁一样，都建筑在全城的中轴线上，占据了最重要的位置。

奉天殿前两侧有文昭阁（文楼）、武成阁（武楼），再两侧有文华殿和武英殿。后三殿两侧布设有东六宫和西六宫，合称“十二宫”，是皇帝的众妃嫔居住的地方。东六宫在坤宁宫之东，以东二长街为轴线，分别左右对称地排列为三组：由南向北依次为延祺宫、景仁宫；永和宫、承乾宫；景阳宫、钟粹宫。西六宫在坤宁宫之西，以西

《明宫城图》

二长街为轴线，分列左右对称地排列为三组：由南向北依次为毓德宫（即长乐宫，后更名为永寿宫）、未央宫（后更名为启祥宫）、翊坤宫、长春宫、储秀宫、咸福宫。其北还有乾东五所、乾西五所两组建筑。这里要特别指出的是，明初拓展南城墙，紫禁城、皇城和大城的南墙均依次南移，这就使建筑物之间有很大拓展的空间。规划匠师们就利用这一拓展的空间，在紫禁城南午门前方、中心御道的左右两侧，布设了太庙、社稷坛两组严格对称的建筑群。这就使得午门和皇城南面承天门之间的整个地段，也纳入了宫阙建筑的总体规划之中，从而使宫城前的中心御道更加鲜明、突出。与此同时，在承天门（清初改称天安门）前开辟了一个完整的“T”字形广场，这又是明代继承元大都的旧制加以发展的突出例子。它沿着广场的东、西、南三面修筑宫墙，把整个“T”字形广场完全封闭了起来。仅在东西两翼，以及南凸出的一面各开一门，东曰长安左门，西曰长安右门，正南曰大明门。大明门两侧书有对联一副：“日月光天德，山河壮帝居。”自大明门内沿东西宫墙内侧，修建了连檐通脊、黄瓦红柱，带有廊檐的千步廊，东西相向各百余间，作为存放文书档案的地方。中间衬托出砥平如矢的中心御道，亦称“天街”，从大明门向北直达承天门。广场两侧的宫墙之外，集中部署了直接为封建王朝行使政权的衙署：东侧为宗人府、吏部、户部、礼部、兵部、工部，以及鸿胪寺、钦天监等；西侧为五军都督府和太常寺、锦衣卫等。这些中央行政机构通过宫廷广场与宫廷连为一体。

宫城的正北门称玄武门，出门正北面有人工堆筑的土山，命名万岁山（俗称煤山）。“崇祯七年（1634）九月，量万岁，自山顶至山根斜量二十一丈，折高十四丈七尺（合四十九米）。”山上五峰并峙，峰顶各建一亭。正中主峰位置的选择，正当元朝延春阁的故址，意在压胜前朝，所以又称镇山。它既在全城的中轴线上，又是内城南北两墙的正中间。它作为一个人为的制高点，成为改建以后北京全城的中

《徐显卿宦迹图册》，明代奉天殿（太和殿）两侧构造与清朝不同

心。登临山顶，足以俯瞰全城。它在整体的宫阙建筑上，虽然没有明显的实用价值，却具有突出的象征意义，即企图在一种类似几何图案所具有的严正而又匀称的平面设计上，凭借一个巍然矗立的实体，来显示出这里乃是封建帝王统治的中心。

在全城正南的郊外，分别兴建了东、西两组建筑群，即皇帝祭天的天坛和祭祀山川之神的山川坛；在东、西、北分别建筑了日坛、月坛、地坛。嘉靖年间增筑外城正好将天坛、山川坛包入城中，而外城的正南门——永定门，就成了北京城中轴线的新起点。在中轴线的北端，又特别建立了钟、鼓二楼，这样便形成了一条南端以永定门为起点，经正阳门、大明门、承天门、端门、午门、奉天门、奉天殿、华盖殿、谨身殿、乾清门、乾清宫、交泰殿、坤宁宫、玄武门、万岁山、地安门、鼓楼、钟楼止，贯穿内外城南北，全长达 7.8 千米的中轴线。

这是自秦汉以来，都城规划建设中最长的中轴线。它犹如人的脊梁不仅统领着明北京城全城均衡而对称的平面布局，而且将封建帝都的规划匠意——“普天之下，唯我独尊”的主题思想，最大限度地显示了出来，取得了非常完美的艺术效果。

按照古制的要求，皇宫的左侧应是祭祀祖先的太庙，右侧则是祭祀土地五谷神的社稷坛，即“左祖右社”的礼仪制度。“社稷”连称，分别代表的是土地神和五谷神。

明永乐十八年（1420）建太庙于承天门东侧，万历年间（1573—1620）又予以重建。太庙正门南向，内有三道长方形的朱红高墙，内植以柏树。第三道围墙的大门称戟门，门前有五座绕有石栏的汉白玉

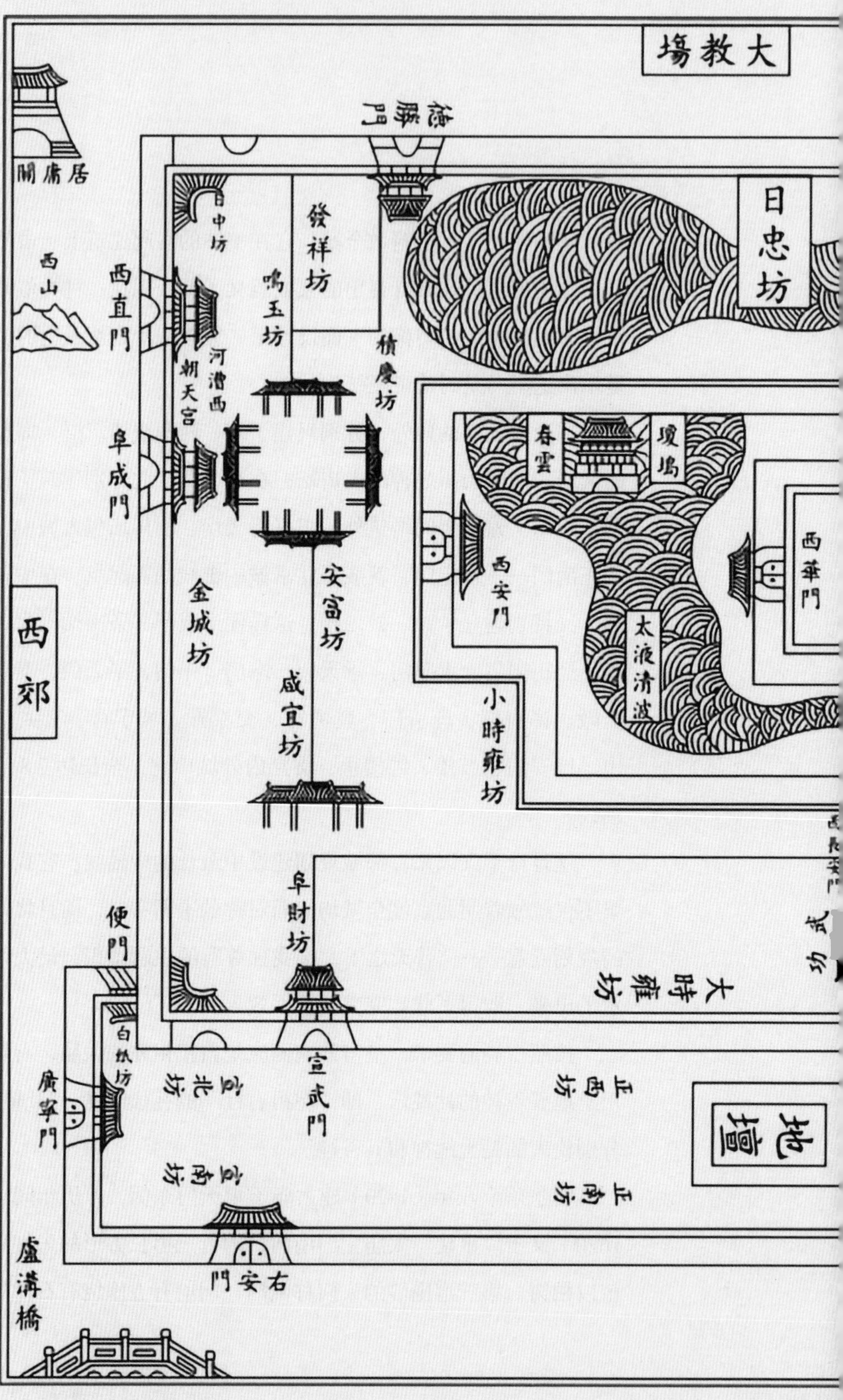

大教場
德勝門
居庸關
日中坊
發祥坊
日忠坊
西山
西直門
鳴玉坊
積慶坊
河漕西
朝天宮
阜成門
春雲
瓊島
西安門
西華門
金城坊
安富坊
太液清波
西郊
咸宜坊
小時雍坊
阜財坊
便門
大時雍坊
白紙坊
廣寧門
宣北坊
宣武門
正西坊
地壇
宣南坊
正南坊
盧溝橋
右安門

明《京师五城坊巷图》

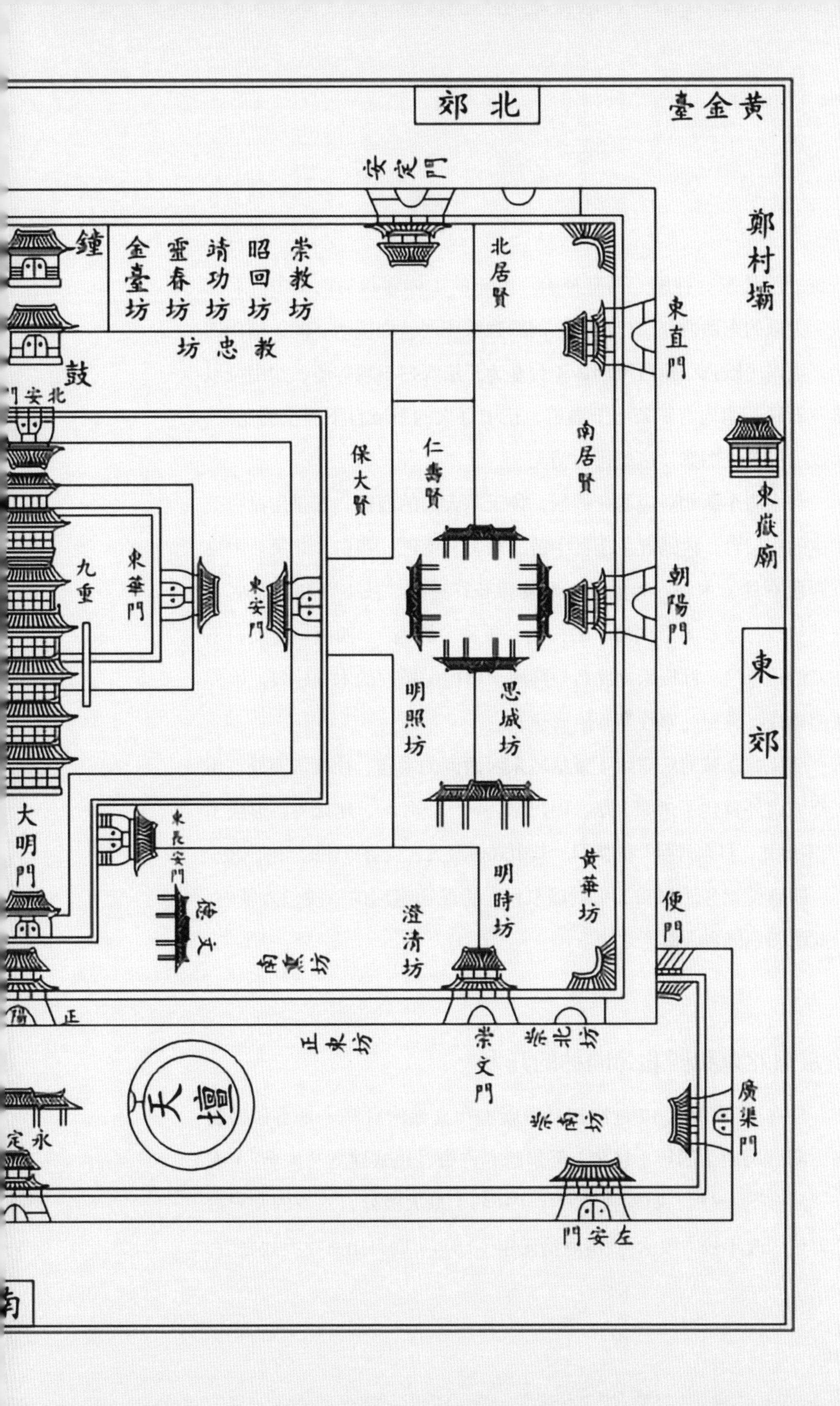

北郊
黃金臺
安定門
鄭村壩
鐘
崇教坊
昭回坊
靖功坊
靈春坊
金臺坊
北居賢
東直門
教忠坊
鼓
北安門
東嶽廟
南居賢
保大賢
仁壽賢
朝陽門
東郊
九重
東華門
東安門
明照坊
思城坊
大明門
東長安門
黃華坊
明時坊
澄清坊
便門
南薰坊
正東坊
崇文門
崇北坊
天壇
廣渠門
崇南坊
永定
左安門

石桥。门外东有神库，西有神厨。太庙的主体建筑为前、中、后三殿。大殿的东西两侧翼以庑殿，前殿巍峨庄严，面阔十一间，进深四间，重檐庑殿顶，覆黄琉璃瓦；台基为三层汉白玉须弥座，边沿绕以雕花石栏。南向有三条上下通道，正中巨大的石雕自下而上为龙纹、狮纹、海兽纹图案，造型极为精美。

与太庙东西相对应的社稷坛，位于承天门的西侧。坛是用汉白玉砌成的三层台，内铺五色土：中黄、东青、南红、西白、北黑。中央有两段石柱、木柱，为象征土地神和五谷神的“社主”和“稷主”。坛外绕以三重长方形围墙，最内的一重称“壝墙”，四面均有汉白玉砌就的棂星门。社稷坛之北乃是拜殿，单檐庑殿顶的木构建筑。墙外西南角尚有神厨、宰牲亭等附属建筑。

明代北京城的坛庙除了紫禁城东西两侧的太庙、社稷坛而外，还在都城内外营建了诸如天坛、山川坛、日坛、月坛、地坛等，形成了“天南地北，日东月西”的格局。其中规模最大、气势雄伟的当推天坛。

明宣德七年（1432）皇城墙东移，将原通惠河的一段包入城内。自此漕船不能再入海子之中。

清定鼎北京和西北郊园林的开发

早在16世纪末17世纪初，满族（女真族的后裔）日益强盛起来。明万历四十四年（1616）努尔哈赤称帝，正式建立“大金”（亦作“后金”）政权。明崇祯十六年（1643）皇太极死，六岁的儿子福临即位，改年号“顺治”。清顺治元年（1644）四月山海关大战之后，辅佐福临的睿亲王多尔衮率军随即进兵北京，并于是年五月在李自成率领的农民起义军放弃北京城，向陕西撤退之后，占领了北京，并于九月由沈阳迁都北京。自此，北京继元、明之后，再一次成为我国统一的多民族国家的政治中心。

《清一统志》说，清初“定都京师，宫邑维旧”。这就是说，清朝统治者在定鼎北京之后完全沿用了明朝的北京城。这不仅是因为明清易代之际，北京城没有遭到兵燹的破坏，更重要的是清朝统治者本来就崇尚汉族文化。待至进入北京城，但见金碧辉煌、布局严整、气度非凡的宫殿建筑，内心更是称羡不已。所以，便全盘地承袭了明朝北京城，就连紫禁城内也只是对原有建筑物做了一些重修，或是只做局部的、小范围的改建和扩建。

首先在皇城内重修和增建了一些殿宇，并改用新的名称，如紫禁城东北角将原仁寿殿改为皇极殿、宁寿宫，其北又新建了养性殿、乐寿堂、颐和轩、景祺阁，还有畅音阁、乾隆花园等。清顺治八年（1651）改建后的承天门改称天安门。清顺治九年（1652）又改明皇城北面的北安门为地安门，加上明皇城原有的东安门、西安门，形成了皇城四门且突出了一个“安”字，寓意“国泰民安”。紫禁城北面的万岁山于清顺治十二年（1655）改名景山。之后，又于清乾隆十五年（1750）在景山上依中轴线规制建了五座亭子：中峰上名万春亭；其东侧名观妙、西侧名辑芳；两亭外侧东名周赏、西名富览。中峰是北京内城的最高处，可一览北京全城，纵贯南北的中轴线也分外鲜明。

清军入京之后，将内城划为八旗驻地，即以皇城为中心，将八旗布立四面八方，并将废除的明代官府、仓厂改为居民区，或改建成寺庙。增建或改造了的王府，又带动了其所在地区街道、市井环境的改善，使其周围又新增添了一些胡同。与此同时，还扩建了紫禁城西面的太液池，分别称作南、中、北海，并新建数以百计的大小建筑，从而出现楼阁耸立，亭台错落，点缀于山水之间，使“三海”的风光更加多姿；拆除了原北海琼华岛上的广寒殿，建造起了色彩素雅美观的藏式佛塔——白塔。乾隆年间又在北海的北岸砌筑了彩琉璃双面九龙壁，其西北还修筑了一座拱顶发券无梁殿——西天梵境，四面四廊六十七间，四角有楼相接，阁外面嵌砌五彩琉璃花饰和佛像，精美非常。

从景山万春亭南望北京中轴线

清初实行“满汉分治”，汉民不得入住内城，同时又明令禁止在内城开设市场、戏院等。18 世纪中叶，正值乾隆盛世，集中全国人才编纂《四库全书》，于是便日渐形成了前门外大栅栏商业街区和书肆集中的琉璃厂文化街。

清朝统一中国之后，国家政治安定，经济亦有发展。清康熙二十三年（1684）、二十八年（1689），圣祖曾两度南巡，对江南的灵山秀水爱慕不已，回京后命善画山水的叶洮，在北京西郊明代万历年间武清侯李伟所筑清华园的旧址上设计建造了畅春园，作为“避喧听政”的地方。这便是清代在北京西郊兴建的第一座皇家园林。

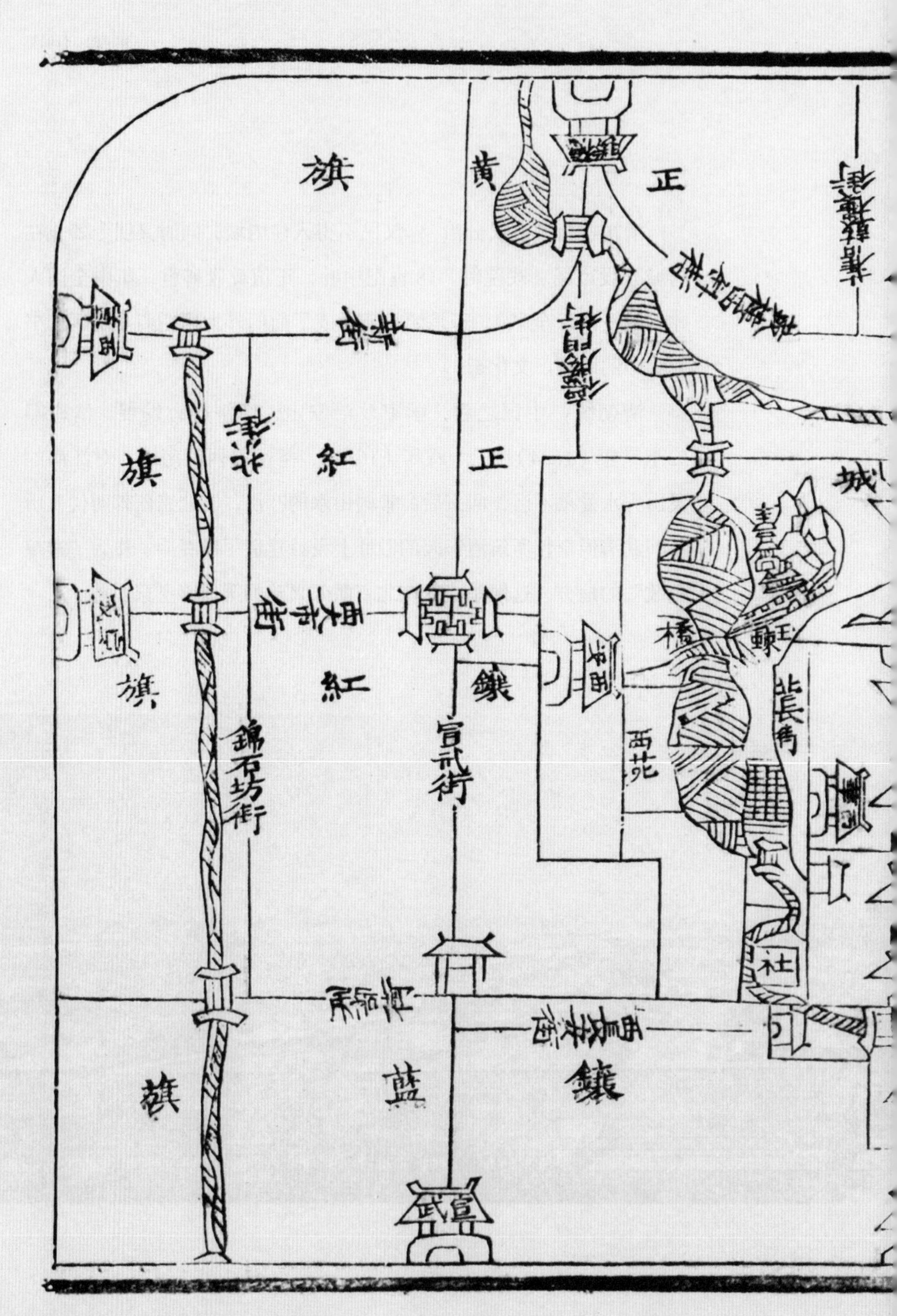

《宸垣识略》中的内城八旗分布图

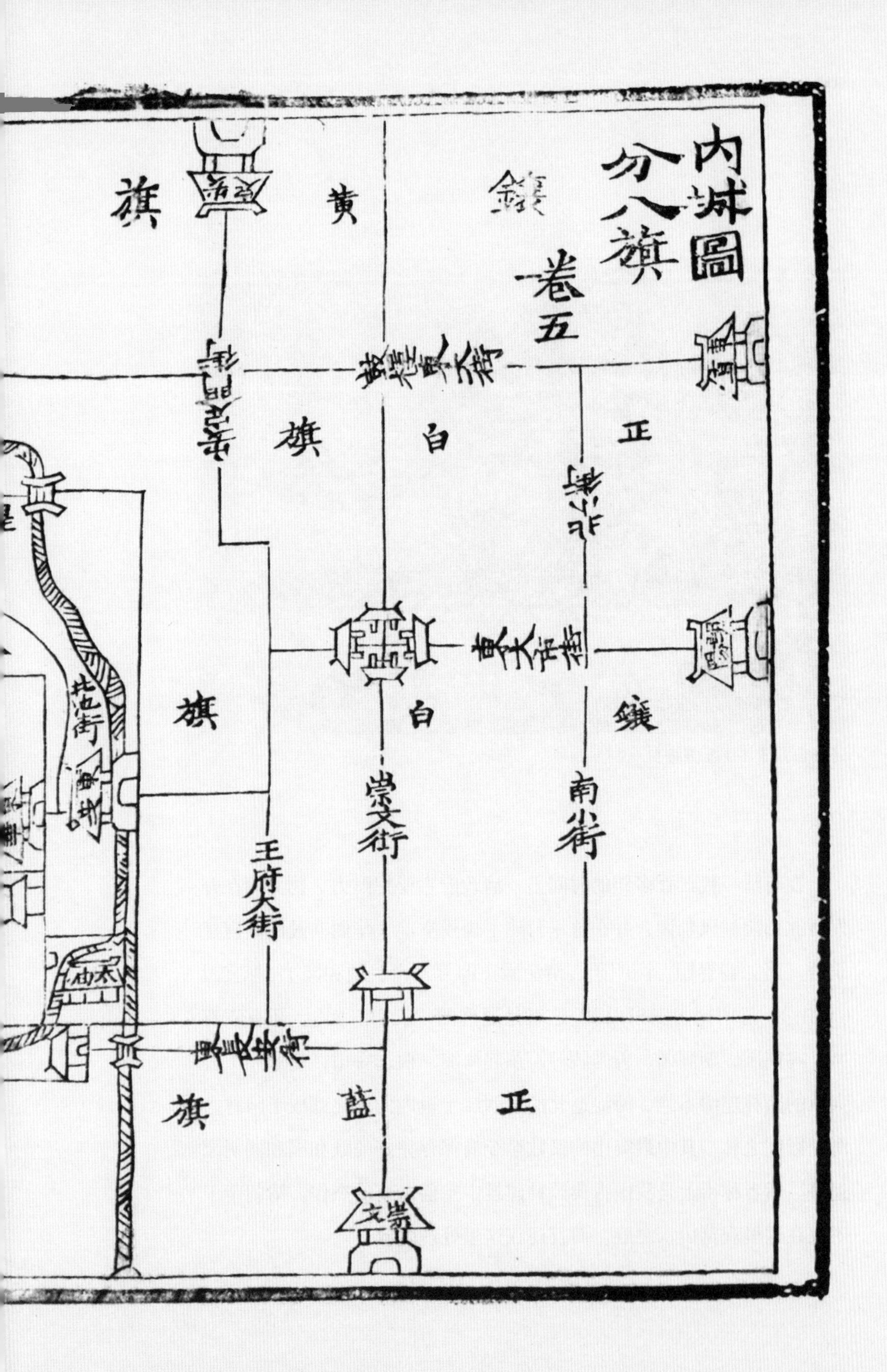

内城圖
分八旗
卷五
鑲
黄
旗
正
白
旗
北小街
東大市街
白
鑲
旗
南小街
崇文街
王府大街
正
藍
旗
北池街

《燕山八景图》玉泉垂虹

在有清一代二百多年的时间里，清政府主要把财力、物力用在开发西北郊园林风景区，并在这里营建了规模空前、华丽非凡的离宫建筑群。诸如畅春园、圆明园、清漪园（即万寿山、颐和园）、静宜园（香山）、静明园（玉泉山）。这就是通称的“三山五园”。还有淑春园、鸣鹤园、朗润园、蔚秀园等。东起海淀，西迄香山，皇家和王公大臣的园林连绵不绝，海淀迤北的东西二十里内的西北郊成了园林之海、殿阁之林，其中最突出的又数至今尚保存完好的颐和园和圆明园遗迹。后者称得上是我国古典园林建筑中空前未有的杰作。清朝帝王不仅在这里观览山水之胜，而且还在这里处理朝政。

明清北京城的仓廪和市场

明洪武元年（1368），明军攻下大都城之后，为便于防守，首先放弃了北城，并沿元代坝河南岸另筑新的北城墙。此举使原位于大都城中心的钟鼓楼、斜街市的范围大大缩小，商业重心逐渐南移至地安门外大街一带。明永乐十七年（1419）展筑大城南墙，即将原大都城南墙向南推移了约二里，将一段通惠河道圈入城中。同时，又由于白浮堰断流，明朝皇城的东墙的外扩，遂使原从积水潭东引水并沿皇城东墙外南流的通惠河，被圈入新建的皇城之内，南来的船舶就再也没有驶入积水潭的可能。白浮堰断流，积水潭也因“运河海子截而为二，城内积土日高，虽有舟楫桥梁，不可渡矣”。但漕运和旱路进京的漕粮、商品等仍由两厢入城。因此，重要的仓储仍多分布在东、西两城的东南部和西北部。东城如新太仓、海运仓、旧太仓、禄米仓、盔甲厂、台基厂，还有明智坊草场、中府草场、天师庵草场等；西城如广平库、太平仓、安民厂、阜成竹木厂、红罗厂、王恭厂（铸锅厂），还有西城坊草场、惜薪司北厂、惜薪司西厂；外城如抽分厂、琉璃厂、惜薪司南厂等。

明永乐元年（1403），北京城的商业还很萧条。当时“商贾未集，市廛尚疏”。为此，朝廷在皇城四门外钟鼓楼、东西四牌楼，以及大城各门附近，修建了几千间棚房，“召民居住，召商居货，谓之廊房”，以促进商业的发展。以后，便逐渐形成了以棋盘街—前门的“朝前市”为中心，东有灯市，西有西市（西四），还有地安门外、东单、西单、菜市口、新街口、北新桥、交道口，乃至朝阳、安定、德胜、阜成诸门外关厢的市场。蒋一葵在《长安客话》中写道：“大

明门前棋盘天街，乃向离之象也。府部对列街之左右，天下士民工商各以牒至，云集于斯，肩摩毂击，竟日喧嚣，此也见国门丰豫之景。”刘侗、于奕正的《帝京景物略》也说：“朝前市者，大明门之左右，曰日市，古居贾是也。”

在明代“前朝市”基础上发展起来的前门商业区，北起大清门前棋盘街左右，南达珠市口，东抵长巷二条，西尽煤市街。“前后左右

《皇都积胜图》（局部）

计二三里，皆殷商富贾，列肆开廛。凡金绮珠玉以及食货，如山积；酒榭歌楼，欢呼酣饮，恒日暮不休，京师之最繁华处也。”

这里店铺密集，行业众多，“凡天下各国，中华各有，金银珠宝、古玩玉器、绸缎古衣、钟表玩物、饭庄饭馆、烟馆戏园，无不毕集其中。京师之精华，尽在于此；热闹繁华，亦莫过于此”。作为综合性的商业街市，大栅栏拥有各式各样、门类齐全、资本雄厚的商店，如同仁堂药铺、六必居酱园、滋兰斋点心铺，以及清末开设的瑞蚨祥绸布店等。这里聚集了许多银号、钱庄、炉房、票号等，成了全城实际的金融中心。

清初，城内灯市先移于灵佑宫，继而又移于“正阳门外及花儿市、琉璃厂、猪市、菜市诸处，而尤以琉璃厂为盛”。当时许多汉族官员、文人、商贾多住在宣武门外、琉璃厂周围。同时，随着慈仁寺（报国寺）的衰落，其书肆也陆续集中到琉璃厂。至乾隆年间，琉璃厂街市便已初具规模。而《四库全书》的编纂更促进了琉璃厂书肆的发展。因为当时参与修书者多寓居宣南、琉璃厂附近。四库馆臣归寓，“各以所校阅某书，应考某典，详列书目，至琉璃厂书肆访之。是时，浙江书贾，奔辏辇下”。书肆的繁荣，亦就促成了书画、文物、古玩等行业的发达。

乾嘉时期，内城已有许多店铺陆续开张，甚至还开设了戏馆。当然，内城商业交易主要还是靠庙会与集市，以及摊商、小贩进行。道光、咸丰以后，满汉分居的旗坊日渐松弛，随着商品市场的扩大，内城店铺也日益增加，并形成了诸如“正阳门街、地安门街、东西安外、东西四牌楼、东西单牌楼暨外城之菜市、花市”的布局，加上如厂甸、隆福寺、护国寺、土地庙、花儿市等，它们形成了北京城基本的市场格局。

明清北京城的建设者们

从朱棣于明永乐四年（1406）诏建北京皇宫后，直至明朝末年，营建工程可以说一直在陆续地进行着。先是备料和营建西宫，而后是正式营建北京皇城和紫禁城。它在规模、工艺上，虽有逊于中都（安徽临濠，即凤阳），但要比南京宏敞，在布局上则要比中都、南京更为完整。紫禁城宫殿南北分前朝和大内，东西分三路纵列，中宫和东西六宫，形成众星拱月的布局，体现了封建统治阶级的最高营建法式。永乐时期营造的宫殿是明代开国后继南京、临濠之后最大的一次全国性工程，所耗用的人力、财力、物力可以想见。而参与工程的设计者、工匠也难于统计，即或是技术高超的，也很少被载入史册，只有少数官员才有记载。

蒯祥，明代著名的建筑工匠，约生于明洪武末年，卒于成化年间，终年八十四岁，从事建筑工作达半个世纪之久。据《吴县志》载，“蒯祥，吴县香山木工也，能主大营缮。明永乐十五年（1417）建北京宫殿。正统中重作三殿及文武诸阁。天顺末作裕陵（朱祁镇之陵），皆其营度”，初为营缮工匠，设计、施工精确。累官至工部左侍郎，食从一品俸禄。传说，他“能以两手握笔画双龙，合之如一。每宫中有所修缮，便导以入，详略用尺准度，若不经意。及造成，以置原所，不差毫厘”。所以，很得皇帝的赏识。他从营缮所丞，至明景泰七年（1456）积功升任工部左侍郎，食从一品俸。曾多次主持重大的皇室工程，如明永乐十五年（1417）负责建造北京宫殿和长陵；明洪熙元年（1425）建献陵；明正统五年（1440）负责重建皇宫前三大殿，七年（1442）建北京衙署；明景泰三年（1452）建北京隆福寺；明天顺三年（1459）建北京紫禁城外的南内（包括今南河沿、南池子一带），四年（1460）建北京西苑（今北、中、南海）殿宇，八

蒯祥像

雷发达像

年（1464）建裕陵。到明成化年间，蒯祥已经八十多岁了，还在“执技供奉，上每以前鲁班呼之”。

明代的北京宫殿和陵寝是我国现存的，在建筑中最宏伟、最完整的古建筑群，蒯祥作为这些重大工程的主持人之一，表现出了在规划、设计和施工方面的杰出才能。

参与明宫殿建设的还有如从营缮清吏司郎中升为工部侍郎的蔡信。《武进阳湖县志》记载，蔡信有巧思，“永乐年间朝廷营建北京，凡天下绝艺皆征至京，悉送信绳善”。此外，还有江苏松江府人杨青。据《松江府志》《古今图书集成》载：“永乐初以瓦工役京师”，“后营建宫殿使为都工。青善心计，凡制度崇广，材用大小，悉称旨。事竣，迁工部左侍郎。其子亦善父业，官至工部郎中。青以老疾乞休，卒赐祭葬。”

明清两代的宫殿建筑、设计者，由于封建社会历来不重视科学技术，所以连最初规划设计的人是谁都很难查清。明永乐四年（1406）后因参与营建、规划紫禁城而在《明史》中立传或提到的有陈珪、薛禄、柳升、王通等。《明史·陈珪传》中说，他于明永乐八年（1410），“董建北京宫殿，绘画有条理，甚见奖重”。柳升、王通是他的副手。《明史·薛禄传》中说，他于明永乐十五年（1417）“以行在后军都督董营造”。明宫殿建造完工，提升官职者二十三人，但在《明实录》中，也只提到四个人的姓名，即如上所述的蔡信、杨青，还有吴福庆、金珩等。这里还应提到的是越南人阮安。据《明史·宦官传》载：“阮安有巧思，奉成祖命营北京城池宫殿及百司府廨，目量意营，悉中规制，工部奉行而已。”所以，阮安既是建筑设计师，又能主持施工。其主要功绩在于因旧复原。如明永乐十九年（1421），即宫殿建成后的第二年，一把大火将奉天、华盖、谨身三大殿焚毁；次年，乾清宫又遭火灾。明正统五年（1440），决定按旧制重建三大殿，修缮乾清、坤宁二宫。当时出力最多者便是阮安和僧保。还有明代在英宗时重建三殿之后，到世宗嘉靖帝时又毁，而此时主重建之事者则是匠官徐杲。《世庙识余录》：“三殿规制自宣德间再建后，诸匠作皆莫省其旧，而匠官徐杲能以意料量比，落成竟不失尺寸。”《万历野获编》也载：“世宗末年，土木繁兴，各官尤难称职。……永寿宫再建……木匠徐杲以一人拮据经营，操斤指示。闻其相度时，第四顾筹算，俄顷即出，而斫材长短大小，不爽锱铢，上居玉熙宫，并不闻有斧凿声，不三月，而新宫成，上大喜……”

“样式雷”，明清两代宫廷建筑匠师家族。其始祖原籍江西建昌（今永修县），明洪武年间即以工匠身份服役，明代末年由江西迁居江苏金陵（即南京）。到了清代初年，雷发达及其堂兄雷发宣，应募到北京供役内廷，康熙初年即参与修建宫殿工程。当时在太和殿上梁仪式上，需由工部尚书和内务府大臣按仪式程序准时举行，康熙皇帝郑重其事地亲自行礼，而且是要选择吉时，梁木入榫和皇帝行礼在同一个时间进行。很不凑巧，太和殿大梁由于卯榫不合，悬而不下，典礼无法举行。这种情况在当时是一件大不敬的事，管理工程的大臣便急中生智，忙让雷发达穿上了官服，带着工具攀上架木之颠。但见雷发达以熟练的技术，手起斧落，卯榫相合，梁木顺利就位。上梁成功，典礼仪式如期完成，亦博得了皇帝的欢心，遂“敕授”雷发达为工部营造所“长班”。于是就有了“上有鲁班，下有长班，紫微照命，金殿封官”的传说。

这个传说不一定完全符合当时的情形，但却刻画出了雷发达这个良匠的精湛技术并道出了北京“样式雷”的由来。

雷发达的长子雷金玉继承了父职，并投充内务府包衣旗，供役圆明园楠木作样式房掌案，以内廷营造有功，封为内务府七品官，食七品俸。一直到清代末年，雷氏家族有六代后人都在样式房任掌案职务，负责过北京故宫、三海、圆明园、颐和园、静宜园、承德避暑山庄、清东陵和西陵等重要工程的设计。同行中称这个家族为“样式雷”。

雷氏家族进行建筑设计方案，都按百分之一或二百分之一的比

清代样式雷烫样

例，先制作模型小样进呈内廷，以供审定。模型用草纸板热压制成，故名“烫样”。其台基、瓦顶、柱枋、门窗，以及床榻桌椅、屏风纱橱等均按比例制成。

明清两代王朝中凡有兴建工程，在选定地点后，先由算房丈量地面，由内廷提出建筑要求，以掌案为首的“样式雷”再进行设计。首先是安中线（轴线），即所谓“万法不离中”，在一片方正或不规则的土地上先以罗盘针定方向，从而确定出建筑群的中线位置，并以野墩子为标志。野墩子钉在中线的终点处，这样便于以起点为纲，自近及远，旁顾左右而考虑全面规划。

中国建筑群的布局是由个体建筑组成一个庭院，多座庭院组成一组大建筑群。在空间组合上注意建筑物的高矮比例，或左右对称，或左右均衡，或错综变化，定出各式各样的建筑尺寸，在布局上做到匀称协调，然后通过烫样（模型）表达出来。

烫样是用类似于现在的草纸板制作，均按比例安排，包括山石、树木、花坛、水池、船坞及庭院陈设，无不俱备。烫样的屋顶还可以灵活取下，洞视内部，所以有灵活变化用行舍藏之妙。烫样不仅将建筑位置科学地加以安排，同时还注意表现色彩感。这样一种具有色彩立体式的模型，艺术地将中国建筑群的长卷绘画式的布局手法跌宕起伏、错综有致地表现出来了。

在《样式雷家世考》一书中，关于雷发达四世孙雷家玺的事迹有如下一段记载："乾隆五十七年（1792）承办万寿山、玉泉山、香山园庭工程及热河避暑山庄……其长兄家玮则时赴外看行宫堤工。先后继续供事于乾嘉两朝工役繁兴之世，又承办宫中年例灯彩及烟火。乾隆八十万寿点景楼台工程，争妍斗靡盛绝一时。其家中藏有嘉庆年间万寿盛典一册，记承值同乐演戏鳌山切末灯彩屉画雪狮等工程。"在故宫博物院收藏的康熙、乾隆时代的《万寿图》和《南巡图》中可以见到那些豪华逼真的点景楼台，实在是绝妙的艺术珍品。

当然，"样式雷"主要职掌的还是宫殿设计，其余设计应是与内务府造办处合作的，雷氏总其成。雷氏从清康熙朝雷发达应征到北京修太和殿始，其子孙即留北京，传到光绪朝时，七世孙雷廷昌设计修建普祥峪慈安太后陵寝工程和普陀峪慈禧太后陵寝工程，雷氏一家在清朝二百多年中，其工艺独树一帜，在中国古代建筑史上占有重要地位。

紫禁城规划建设的艺术成就

我国古代都城建筑艺术的集中体现

建筑并不是砖瓦、灰石的堆砌。它不仅仅是一种物质产品，对其中的成功作品来说，还是一种艺术产品。其中自然蕴含有深意，即“匠意”，就如同“诗情画意”一样，常有“诗外之情，画外之意”。只是规划、建筑会以其独有的表达方式、独有的语言，包括面积的大小、空间的宽窄、体形的差异、体量的宽窄、群体的组合、整体环境塑造等诸多方面，而后再按照“形式美”的法则，综合运用，巧于构思，营造出形式多样、生动活泼，又完美统一的构图，形成某种“构思”或“意匠”特有的风格。而当人们置身其中，由观赏、认知等心理感应而产生一系列的情感上的变化，那就是所谓的“匠意”，即“画外之音”了。

紫禁城位于北京内城的中央，它既是封建帝都的象征，也是整个北京城规划建设的核心。清因袭明宫，虽亦曾进行过一些重建或改建，但仍大体保存着明初时的布局、规制。

紫禁城东西宽750米，南北长960米，周长3420米，墙高10米。城墙外层用澄浆砖包砌，里面则以黄土夯实。四周共开四门：正南的是午门，向东的名东华门，向西的名西华门，北面的明时叫玄武门，清康熙年间因避讳康熙帝玄烨的名字，遂改称神武门，且一直沿用至今。在紫禁城的周围环有宽52米的护城河（俗称筒子河）。城四角建有结构精巧、造型秀美的角楼。

紫禁城占地约72万平方米，有房屋8000多间，其间有宫、殿、楼、阁、亭、榭、厅、堂、廊、厦、门、庑等，起伏错落，疏密有致，且多为土木结构，黄琉璃瓦盖顶，青白石作基座，再饰以金碧辉煌的彩画。这些宫殿建筑是沿着一条南北向的中轴线排列，并向两侧展开——南北取直，左右对称。整座建筑气魄宏伟，规划严整，蔚为壮观，集中体现了我国古代都城规划建设艺术的智慧和传统。

香港建筑师李允鉌在其所著的《华夏意匠》一书中这样评价故宫：

在设计上，几乎看不到有任何人对它作过恶劣的批评。北京故宫，在设计上的成功并不仅限于它是一个15世纪时（1416—1420）的杰作（按时间上限还要早），它可以说是中国人历代宫殿建筑成果的一个总结。它的组织方法，构图意念，绝对不只是一个时代的产物。不管在技术上，艺术上，它都是继承了伟大的传统而来的。同时，在这一个基础上，它有了更进一步的提高。在中国的宫殿建筑上，它已经是一个完全成熟的典型。

紫禁城宫殿群

故宫三大殿（从左至右分别为太和殿、中和殿、保和殿）

在中国传统文化里认为“天”与“人”是相通的。“上圆，法天；下方，法地。”《周易》：“夫大人者，与天地合其德，与日月合其明，与四时合其序。”宇宙万物不断地在运动、变化着，同时又共处于一个和谐的统一体中。万物的生灭、阴阳的交错，都遵循一定的规律，由此构成世界的和谐秩序。“天地之美恶，在两和之中”，“德莫大于和”，和谐既是中国传统文化的显著特点，也是紫禁城在规划建设中所追求的最高目标，从而形成了以“太和”“中和”“保和”三大殿为中心的整体和谐之美。

整体布局的均衡之美

紫禁城在明永乐年间初建时是参照南京明宫殿的规制，按《周礼·考工记》所载“左祖右社，前朝后市”的布局原则建造的。现紫禁城前方左面的劳动人民文化宫，原是皇帝祭祀祖宗的太庙；右面的中山公园，原是祭祀土地神、五谷神的社稷坛；前面有朝臣办事的处所，后面有进行交易的市场。景山矗立在紫禁城北，犹如一道天然的屏障。紫禁城西部为皇家园林，东部是诸多为宫廷服务的衙署（辛亥革命后，故宫管辖的范围逐渐被分割，且只剩下了紫禁城城垣以内的地方）。

紫禁城从明永乐四年（1406）决定筹建至十八年（1420）基本建成，前后调集二三十万农民和一部分卫军，集中全国著名工匠。从文献中能查出修建这座皇宫的建筑匠师就有杨青、蒯祥、蔡信、蒯义、蒯纲、陆祥、徐杲、郭文英、赵德秀、冯巧、梁九等；修建的木料都是从四川、贵州、云南、湖南、广西等省的大山里采伐的；石料是从北京附近的房山、盘山等地开采来的。为运输这些材料，严冬时节，将通往北京的道路沿线相隔一里左右凿一口水井，泼水铺成冰道；盛夏时节，则用滚木铺成轮道，可以想见，当时为建造这座举世无双的宫殿所付出的巨大代价。

紫禁城的建筑由体形基本相同的房屋和大小不同的层层院落空间组成。由于建筑内部的功能不同，房屋有高有低，有大有小；院落有长有宽，有封有敞；组成的空间也就有疏有密，有围有透。通过这些有规律有目的的安排，整个空间组织表现着一种交错起伏、参差跳动的韵律之美。站在景山顶上远远望去，整个紫禁城的建筑既有有规律的重复和有组织的变化，又有统一中求变化、变化中求统一的整体均衡之美。

我们知道，建筑是由物质材料砌构的空间组成，并占有一定空间的有体有形的实体。而建筑艺术则是由线条、形体、色彩、质感、光影以及装饰等基本因素，按照人的审美意识和审美理想构成的，而线又是造型艺术，也是建筑艺术中最基本的审美要素。因为在建筑审美中大都是以方形、长方形、圆形等几种基本几何形状为审美特征的，而它们又是以更基本的线组成面，再由面构成的。

自古以来，以木构架为主要结构方式的中国古代建筑，创造了一个与之相应的平面布局和外观。这就是以“间”为单位，构成单座建筑，再以单座建筑组成庭院，进而以庭院为单元组成各种形式的组群，并沿着轴线（多数为呈南北走向的纵轴线）以均衡对称的方式进行规划组合。有人说：“中国建筑最大限度地利用了木结构的可能和特点。一开始就不是以单一的独立个别建筑物为目标，而是以空间规模巨大、平面铺开、相互连接和配合的群体建筑为特征的。它重视的是各个建筑物之间的平面整体的有机安排。”

紫禁城的建筑从台座基础以上全部是用木头拼搭而成的。柱、檩、枋、梁、斗拱、屋架，以及门窗、隔扇、顶棚、藻井、檐椽等，都是线的组合，由线组成构件，由构件组成个体、局部，直到整体，并以完整的形象给人以深刻的印象，形成中国古代《诗经》中所描写的“如翚斯飞”“作庙翼翼”的艺术效果。

我们从天安门推进，端门、午门、太和门，直到太和殿，无一不是横线的延展和叠加，再加上两厢长排平房的檐线透视聚引，视点集中到太和殿下部汉白玉砌就的三层高台崇阶，舒展的横线重叠向上，连续着横线的殿基、重檐，连续并列的檐下斗拱，以至横平的正脊、重檐下两层厚厚的檐阴暗影，更加强了水平横线的效果。即使是屋顶庑殿四阿的腾升垂脊的曲线，也还是线。这层层叠叠的舒展横线加上屋顶的飞腾曲线组合，把太和殿这座巍峨的殿堂烘托得顶天立地、庄严壮丽，给人以一种宽阔、稳重的整体美感。

紫禁城让人充分理解到，中国建筑较之西方高耸直刺天穹的建筑，似乎显得较为低矮、平淡，但也正好说明了中国建筑并不是着意去表现出单体建筑的体态形貌，而是在建筑群体中体现均衡的结构布局，制约配合；不是去追求高耸入云，指向上苍的出世神秘，而是平面展开、引向现实的入世理想；不是去追求一种强烈的刺激和崇拜，而是重在生活情调的熏陶和感染，从而表现出一种结构严整又连续交错的雄浑气势。这是一种以简单重复的基本单元组成复杂的建筑群

斗拱托起的故宫屋檐

落，在严整中又富于变化，变化中又求统一，体现出一种整体之美、均衡之美、理性之美。

明国子监祭酒陈敬宗在《北京赋》中这样写道：

惟圣皇之建北京也……岿壮丽于崇朝，睹崔嵬于瞬息。前朝后市之规，既肃肃而严严；左庙右社之制，复亭亭而翼翼。布列有序，不爽寸尺。妙合化工，莫究窥测。其正殿则奉天、华盖、谨身之尊严，翊以文楼武楼、左阙右阙之嶒崆。开千门兮万户，带岩廊以回萦。台百尺以巀嵲，重三阶以跻登。屹中天以层构，抗浮云而上征。激日景以纳光，耀丹碧于紫清。观其琼阶瑶砌，赤墀彤庭。青锁金铺，绮窗珠棂。镂槛文榥，玉碣绣楹。跱丹凤于阿阁，栖金爵于觚棱。悬彩虹于修梁，跃苍龙于飞甍。含灵曜以欲翔，望北辰而高兴。饰华榱以璧珰，缀雕檐兮列星。彤霞映棻楣之葩萼，薰香郁椒壁之芳馨。日华丽文栱之玲珑，空彩镂罘罳之晶莹。三光临耀，五色璀璨。壮丽穹隆，莫罄名赞……此诚所谓“旷千古之希逢，而超万代之奇观者也”。

（《日下旧闻考　卷七　形胜》）

事实也是如此，把八千多间房子，遵照“皇权至高无上”的主旨和其功能的不同，布列在一个面积约七十二万平方米的紫禁城里，其间殿阁楼台、墙院桥亭，此起彼伏，曲奥幽深，疏密有致，其难度之大也是显而易见的，但它成功了。

排列程序的韵律之美

“规则的序列，产生一种庄重、爽直、明朗的印象，而且强调高潮。它必然引起一种感官上的感受。……不规则的序列则充满了流动和各种运动的感觉。这种不规则的序列，能造成令人意想不到的感染力，造成外观上使人感到惊异的一些部位。”这是托伯特·哈姆林在《20世纪建筑的功能与形式》中的一段话。

我们知道，任何具有一定空间组成的建筑物，都包含有一定的空间序列，规则的或不规则的，明的或暗的；或者有的强一些，有的弱一些，稍经细心体会就会感到“序列”的存在。这是因为空间序列就是按照一定的轴线关系将一系列不同的空间有序地组合在一起，形成对建筑的整体概念，而人们也正是通过这些空间序列的安排去认识建筑的匠意的。人类生活在地理环境中，对周围环境有个观赏、感受、认识的过程，并由此做出种种反应。或者说，人们在一个空间序列中行进时，总要按照一定的轴线方向和一定的空间布局顺序，从一个空间进入到另一个空间，直到走完了这一空间序列的全过程，才能获得这一空间序列的总印象。这个“总印象”也就是这一建筑的“匠意”，即建筑匠师们希冀通过建筑物的形制、体量、色彩，以及它们在空间序列的安排上所要表达出来的创作意图。

紫禁城由大清门往北经过两厢的“千步廊”（已于20世纪20年代初拆除），跨越长安街、金水桥，进天安门、端门、午门，穿过太和门，踱过门内五虹、玉阶三叠托起的太和、中和、保和三大殿，再过乾清宫门，经后朝的乾清、交泰、坤宁三宫，步御花园，出神武门，登景山万春亭，放眼北阙，鼓楼、钟楼在望……这一条长达4100

高耸齐天的太和殿

多米的中轴线贯穿着十余个大小不同的空间，组织着三殿、三宫、东西六院。如果我们从中轴线的剖面由南向北去观察那一序列门楼、殿阁和广场空间所构成的轮廓剪影，它那高低起伏、紧缓疾徐的节奏变化，就如同一首乐曲在黄瓦朱墙的主旋律下流淌着，其抑扬顿挫、跌宕起伏，让步入其间的人也随之激荡跳跃。太和殿的金銮宝殿，面阔11间，进深5间，高35.5米，重檐庑殿顶，坐落在高达8米的汉白玉三层栏台上，更显得高耸齐天，巍峨壮丽，乐曲也达到了最高潮。而这错落有致、变化万千的宫殿组群中轴，再加上东西两侧的文华、武英、宁寿、慈宁、寿康、弘孝、神霄、养心等殿阁的烘托呼应，更把这座宏伟的紫禁城组织得庄严而神秘，却又令人产生敬畏。

“高潮”是艺术结构中不可缺少的组成部分和核心部分。缺了它，艺术作品就会显得不完整，犹如文学、戏剧、音乐等不但有起始（序曲）和结束（尾声），必须还伴随着矛盾的冲突和情节的跌宕，才能引起人们情绪的共鸣而赋予作品生动的审美感受。它是整个作品艺术构思表现的焦点。而故宫建筑空间序列和高潮的安排，不仅独具一格，而且在“高潮”出现之后还有一系列次要的空间序列延续下去，直到钟楼之后才分列给东西两侧的安定门、德胜门作为结尾。这正是中国哲理“余味犹存”或“意犹未尽”的体现，将高潮涌起的激情逐渐在笔断意不断的次要序列下平静下来，让人尽情回味。

我国著名建筑学家、清华大学教授梁思成先生对于北京城的中轴线曾做过这样的叙述：

我们可以从外城最南面的永定门说起，从这南端的正门北行，在中轴线的左右是天坛和先农坛两个约略对称的建筑群；经过长长一条市楼对列的大街，到达珠市口的十字街口之后，才面向着内城第一个重点——雄伟的正阳门楼。在门前百余米的地方，拦路一座大牌楼，一座大石桥，为这一个重点做了前卫。但这是一个序幕。过了此点，从正阳门楼到中华门（即大清门或大明门），由中华门到天安门，一起一伏，一伏而又一起，这中间千步廊（民国初年已拆除）御路的长度和天安门面前的宽度，是最大胆的空间处理，衬托着建筑重点的安排。这个当时曾经为封建帝王据为己有的禁地，今天是多么恰当回到人民手里，成为人民自己的广场！由天安门起，是一系列轻重不一的宫门和广庭，金色照耀的瓦顶，一层又一层的起伏峋峙，一直引到太和殿顶，便到达中轴线前半的极点。然后向北，重点逐渐退削，以神武门为尾声。再往北，又"奇峰突起"地立着景山，做了宫城背后的衬托。景山中峰上的亭子在南北的中心点上。由此向北又是一波又一波的远距离重点的呼应。由地安门，到鼓楼、钟楼，高大的建筑物都继续在中轴线上。但到了钟楼，中轴线便有计划地，也恰到好处地结束了。中线不再向北到达墙根，而将重点平稳地分配给左右分立的两个北面城楼——安定门和德胜门。有这样气魄的建筑总布局，以这样规模来处理空间，世界上就没有第二个！

著名建筑学家，被誉为"故宫古建守护者"的于倬云先生（1918—2004）在他的《紫禁城始建经略与明代建筑考》之中，则干脆把紫禁城中轴线上建筑序列的安排称为"乐章"：

始于永定门一路向北的北京中轴线

当人们沿中轴线漫步观赏时，从低沉旋律的大明门（清改大清门）到外金水桥豁然开朗时，犹如宫殿建筑的序曲；从承天门（清改天安门）到午门则成为高昂旋律的第一乐章；从内金水桥到三大殿是乐曲旋律的第二乐章；从乾清门到御花园是乐曲的第三乐章；从玄武门（清改神武门）到万岁山（即景山）则为乐曲的尾声。570年前中国古代建筑艺术已然具有音乐般的优美韵律。紫禁城建筑群就是一曲凝固的音乐。设计者把外朝、内廷以及序幕、后屏组成一体，在这一组空间组合艺术中，在步移景迁的欣赏过程中，体现出抑扬顿挫、富于变化的韵律美。故宫中轴线的设计技巧，体现出古代建筑师深厚的美学造诣。紫禁城宫殿是中国古代美学在建筑中深刻而完美的体现。

这是因为空间的形状、大小，乃至方向、开敞或封闭、明亮或黑暗，都会感应于人，使之产生心理、情绪上的变化，从而获得意想中的效果。例如，高大而明亮的大厅会使人觉得开朗、舒畅；而一个宽大但低矮且昏暗的大厅，则会使人感到压抑、沉闷，甚至恐怖；高耸而金碧辉煌的殿堂或者神坛，会使人联想到天帝和神的无比崇高、伟大；而一个狭长但低矮的长廊不仅会起到一种引导的作用，而且会让人产生一种期待感。同样，宏大、开阔的广场，总是会令人心胸为之一振；而四周以高墙围合而呈封闭状态，面积又不大的广场，则往往会使人感到压抑……我们古代的规划建筑匠师们便是这样，用建筑的语言，将室内和室外许多不同风格的空间，按照事先确定的“匠意”——艺术构思，再根据“形式美”的法则，即主从、比例、尺度、对称、均衡、对比、节奏、韵律、虚实、明暗、质感、色彩、光影等等，形成开头、引导、阐明、延续、收束、尾声。人们行进其间，自然会产生一系列心理情感的变化。这就是故宫建筑整体的艺术魅力所在。

建筑空间的尺度和比例之美

建筑之美不仅仅在于其形象、轮廓、色彩和装饰艺术，更重要的还有蕴于其间的比例。一座建筑的三维空间尺度与部分的比例，决定了该建筑自身的美，而几幢建筑组合为庭院，或是几组建筑组合成一个建筑群体，就更要求建筑互相组合的空间尺度和比例。故宫中轴线上的建筑组合就是采用空间体量的大小对比、形状对比或由小到大的有规律的变化，来突出高潮，或预示着高潮的到来。由于在采用了对比手法后，所产生的视觉和情绪突然变化带来的新奇感，使建筑匠师

故宫角楼的对称美

们想要追求的效果更为明显。

天安门与端门之间的空间较小，是视觉中的竖长方形空间；端门与午门之间的空间是强烈的，是竖直而狭窄的长方形空间；午门与太和门之间，则是一个宽阔的横长方形空间。由于金水河岸线与五桥的横隔，更形成了两个较扁平而又略带弧形的横向空间，与前面狭长、竖长的空间相比，显得狭长的更深远，扁平的更广阔，从而加强了横向的视感。过了太和门，从门台往北望去，太和门与太和殿之间的宽广而辽阔接近正方形的广场空间，对比太和门南面的扁平横向空间，衬托着高耸的三层汉白玉雕砌的台栏和雄伟的宫殿，更加显得这一高潮空间序列宏伟而端庄的气魄。它是由越过的小竖长方、狭深纵竖长方至扁平横向长方，直到宽广的、接近正方序列空间对比烘托的变化，而取得的视觉空间效果，再往后又转换成横长扁平长方、小正方，而

太和门庭院的空间序列宏伟而端庄

逐渐收紧结束。这一为烘托高潮而精心布局的序列空间，做前导准备的手法，也正是故宫太和殿成为这一空间序列高潮的主要因素。

从上面的阐述中我们还看到，建筑之美不仅在于其形象、轮廓、色彩和装饰艺术，更蕴于建筑空间的组合和比例之中。一座建筑的三维空间尺度与部分的比例，决定了该建筑的自身之美，如端门与午门之间的平面尺度为纵深 350 米，街宽 110 米，形成了 1 ：3 的狭长形御街；太和门庭院的深度仅 130 米，但宽度为 200 米，形成宽阔的平面，其长宽之比为 130 ：200 = 0.65，也是面积中最美的比值，与近代所用的黄金分割率十分接近。不仅如此，从大明门（后改大清门）到万岁山（景山）的总长度是 5 里，而从大明门到太和殿和庭院中心的长度是 3.09 里，两者的比值是 3.09 ：5 = 0.618。这正是近代所称的黄金分割率。任何一件艺术品，当把最重要的部分放在整个作品的

0.618 部位上效果是最好的。这也足以说明我国古代建筑师运用数学比例的娴熟和巧妙。

不仅如此，建筑匠师还利用升高主体部位地坪来突出高潮。凡是地坪较高的空间，都让人觉得较地坪较低的空间重要，即使在同一空间之中，局部抬高的部分或位置都会被认为是特殊的。在建筑中楼梯或台阶，就是联系这高低地坪的，它的指向就在预示着高潮的出现，也是烘托高潮的一种有效的手段。

在《史记·高祖本纪》上曾记载了这样一段故事：汉高祖八年（前 199）高祖刘邦带兵出征，丞相萧何为刘邦在长安建起了未央宫。刘邦回来，见到豪华的宫室之后大怒，说："天下匈匈苦战数岁，成败未可知，是何治宫室过度也？"萧何回答说："天下方未定，故可因遂就宫室。且夫天子以四海为家，非壮丽无以重威，且无令后世有以加也。"意思是，就因为天下未定，所以才要修建大规模的宫室。要控制天下，没有壮丽的宫殿，怎么能有助于提高皇帝的威严呢？也就是说，皇帝的宫殿要有超群的壮丽，才会有"重威"。刘邦听后觉得确有道理，心中喜悦，也就不再发火了。

紫禁城的三大殿高踞于三层汉白玉台栏之上，三上三停，太和殿巍峨高耸的体态，是在逐步登高之中，先见到殿顶，后及殿身的，所以更显得雄伟高大，即"重威"。而太和殿本身，如果以传统的空间概念，即四柱加顶构成的立方空间为一间，就可以看作是体积、面积不等的 36 间（不包括东西夹室和前廊）。据于倬云先生的精确测算，中央最大的一间宽 8.44 米，深 11.17 米，高 14.40 米。而天花板与地面的距离又是人的 8 倍多，如果人站在一间的中间仰视，都会感到这个高间是高耸的。特别是中央最大的一间，顶上还有一个凹入天花板深入达 1.89 米的藻井，更有目力达不到的高远之感。当皇帝升座时，坐在离地面约 2 米的宝座上，显得格外崇高。

建筑色彩设计的整体之美

色彩的运用在城市规划中是具有非常重要的地位的。在建筑艺术之中，“形”是最基本的，也是最常见而又最实用的建筑实体形象。而“色”在建筑艺术形象中对建筑实体形象的渲染、烘托，乃至满足人们的审美心态，则起着相当重要的作用。正是建筑物的色彩、质感、光彩等，共同组成传达建筑形色美的表现形式，并通过它们对建筑体态形貌的共同作用，形成人们对建筑整体形象的视觉审美感受。而不同的色彩又会给人以不同的心理感受，并由此而产生不同的感觉和联想。在我国古代建筑中，就常常利用色彩的补色效果、间色效果来处理建筑物室内外的表面形式，而获得形式审美的不同效果。北京紫禁城，就是运用色彩在建筑中的这种作用，来取得视觉审美上理想效果的。

在我国古代的历史中，最早使用的是黑、白、土红和赭石。红色是最早的流行色，给人以喜庆、向上、热烈、奋进的效果。到奴隶社会则把青、赤、白、黑、黄看作是东、南、西、北、中和木、火、金、水、土的五方正色的代表。到了封建社会，黄色标志着神圣、权威、庄严，也是智慧和文明的象征，成为皇帝御用的色彩。

明清紫禁城大面积以黄色的琉璃瓦作顶，宫殿区的宫墙、檐墙一

多彩的紫禁城

律是红墙身、红柱子、青下肩，远望似黄色琉璃之海，再以规格化的彩画等给建筑披上了金碧辉煌的色彩，获得了丰富而和谐统一的艺术效果。而在紫禁城的周围又以胡同为骨干，形成了形色统一，以灰色为基调的大面积低矮的四合院。每当盛夏来临，这些四合院中的绿荫又组合成了面积广阔的翠绿色海洋，把金光闪烁的“宫殿之海”映衬得更加高大雄伟，气势磅礴。一个城市的规划，在色彩的运用上做出如此大胆的设计，并形成了理想的艺术效果，这在世界的城市规划史上，可以说是独一无二的。

第二辑

中轴篇

地安门　盛锡珊绘

我与北京中轴线

北京中轴线是明清北京城东西建筑物对称布局的依据。它是城之轴，也是地之轴、国之轴。它汇聚了中国古代都城规划建设的精华，也蕴含着中华民族“天人合一”的文化底蕴和哲学思想。

我第一次听到有关北京中轴线的故事，是六十五年前在北京大学地学楼 101 号阶梯教室召开的“迎新会”上。

在 1955 年的全国高考统一招生中，我以第一志愿的学校和第一志愿的专业，考取了北京大学地质地理系经济地理专业。

北京，是我日夜向往的地方，北京大学更是我梦寐以求的学校。我满怀着对未来的憧憬，怀揣着录取通知书、一块家乡的泥土，用一条两头带钩的竹扁担，挑着母亲给我准备的行装——一个铺盖卷儿、一领凉席、一个装着洗漱用品的网兜，拜别了母亲，从浙江省中部的一个小县城，乘坐汽车、火车，经过几天几夜的颠簸，风尘仆仆地来到了北京。

20 世纪 50 年代的前门火车站

当我在前门火车站（今中国铁道博物馆）下车，并随着人流亦步亦趋地走出车站时，蓦然之间，一座巍峨高大的城门楼出现在了我的面前。

啊，这北京的城门楼怎么这么大呀！城门都这么大，那北京城该有多大呀……

开学的第一天，按照惯例，地质地理系要召开“迎新会”，并由系主任致欢迎词。然后，就开启了开学后的第一课——“北京”。

地质地理系主任侯仁之，是当时知名的历史地理学家。他讲的“北京城的起源和它的变迁”，特别是在讲到北京城的政治主题“普天之下，唯我独尊”和一位县太爷因永乐皇帝召见，诚惶诚恐地行进在“北京中轴线”上，最终因扛不住巨大的精神压力，而瘫倒在奉天门（清改太和门）的故事，让我听得如痴如醉……

著名历史地理学家、北京大学教授、中国科学院院士侯仁之

在从永定门到钟鼓楼这条长达 7.8 千米的中轴线上贯穿着十余个大小不同的空间，组织着三殿、三宫、东西六院，这紧缓疾徐、高低起伏的节奏变化，犹如一首乐曲，在黄瓦、朱墙的主旋律下流淌着。其抑扬顿挫的节奏，跌宕起伏，让步入其间的人也随之激荡跳跃……侯仁之先生给我们讲的这个故事，不仅至今使我难以忘怀，更在我心田之中，埋下了探索北京古城的夙愿。

毕业之后，我被分配到了北京的城市规划部门，出于实际工作的需要，我对北京城的了解和对侯仁之先生有关北京的学术论述的理解，也日渐深入，而且是越来越着迷了。

2011 年，我应邀出席了北京历史文化名城委员会、北京市规划学会举办的“北京历史文脉　展现中轴线风采”论坛，并宣读论文《象天设都　法天而治——试论北京中轴线及其文化渊源》。此后，我又陆续参加了北京市政协文史和学习委员会、北京联合大学北京学研究基地组织的《图说北京中轴线》画册的编撰工作；应中央电视台的邀请，参加五集纪录片《北京中轴线》的拍摄（任该片的学术顾问）。近些年来，随着北京中轴线“申遗”工作的日渐展开，人们对北京中轴线的求知也更为迫切。由此，我应邀为文旅部、市文旅局、市委党校、中国农大、北京建筑大学等数十个机关单位和院校做过关于北京中轴线的报告。即或如此，现应邀让我担纲撰写“北京中轴线文化游典”，仍感觉有点“受宠若惊”。但是，有一点是可以肯定的，北京中轴线对北京城的特殊性，以及它所拥有的历史文化价值、艺术价值，是世界上任何一座城市都难以与之相匹敌的，诚所谓“旷千古之希逢，超万代之奇观”。

“轴”和北京中轴线

“轴”原是指呈圆柱形的工业部件，轮子或其他机件围绕着它转动，或随着它转动，这种圆柱形的部件就被称为轴。轴的中心点，亦被称为“轴心”。但有时也会把平面或立面分成互相对称的两个部分的那条线称为“轴”或“轴线”。

据考古发掘的资料证明，早在三千多年前的商朝，其宫城的建筑就已呈现出“中轴对称”的格局了，即建筑物东西两部以一条中轴为基准，形成“中轴突出，两翼对称”的格局。只是那时还不曾出现“中轴线”这样一个专业术语而已。

那么,“中轴线”这个专业术语是谁率先提出来的呢？据原北京古籍出版社老编辑赵洛先生说：他编校“北京古籍丛书”二十余年，却从未见书中有“中轴线”一词，而“对称”一词倒说得挺多。他还选了明代一位叫盛时泰的人写的一首《北京赋》，其间说：

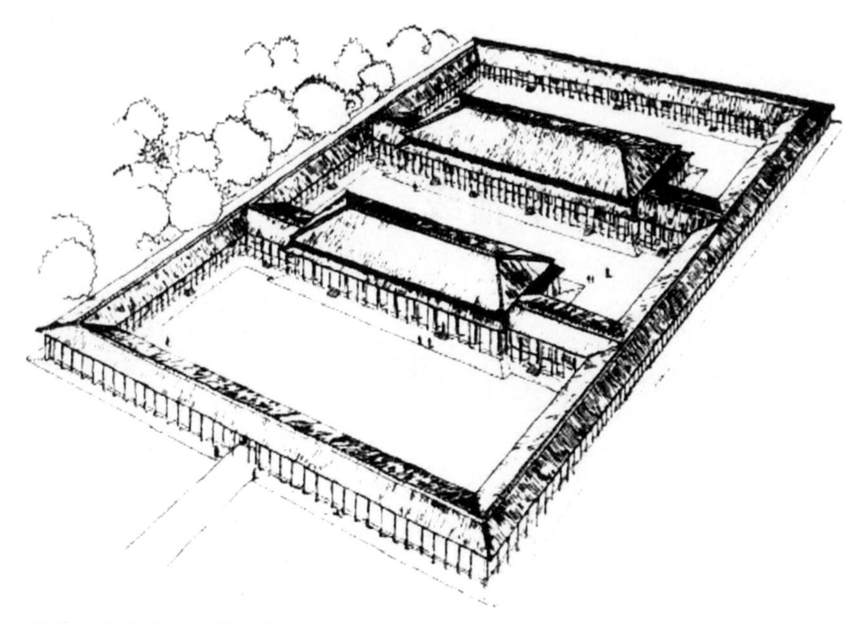

殷墟王宫遗址乙组基址复原图

列御道以中敞，纷左右以为墀；太庙斋宫，对联社稷；列六卿于左省，建三军于右隅；前列其奇，后峙以偶；左右并联，各互为耦。

“并联为耦”即左右对称。两翼对称了，也就凸现出了中轴线。但在当时并没有用“中轴线”这个词儿。所以，“中轴线”应是近现代城市规划师、建筑师，借用工业零部件来说明建筑物、建筑群或城市规划建设布局中“中轴突出，两翼对称”这个特色的。换而言之，一个建筑物有基准线、一个四合院有基准线，一座城市的规划建设也有基准线。这个“基准线”就是中轴线。“中轴线”统领了两侧呈对称布局的建筑物，而两侧强烈的对称，也必然会突出中轴线。犹如一个人的躯体，是以脊梁为“中轴线”均衡布局的。我们的明清北京老城便是以永定门到钟鼓楼这样一条南北贯通的中轴线来统领全城的规划建设布局的。所以，我们又常常称之为“北京城的脊梁”。

“中轴突出，两翼对称”是北京城在城市规划布局上的最大特色。但是，您是否想过：如果我们把象征封建帝都所在地的建筑群，从中抽象出来，那么它就像是一件曾被人们称为“国服”的中山装。

20世纪初，中国结束帝制，进入现代，服装上仍沿用着传统的长袍、马褂、瓜皮帽等式样，但已经开始受到外国服饰的影响，出现了一些改变。1912年中华民国成立，时任临时大总统的孙中山先生看到当时革命党人服装繁杂，有的西装革履，有的长袍马褂，遂委托当时非常有名的裁剪师黄隆生设计制作新式服装，要求既要有中华民族的传统特点，又要适合世界潮流。

黄隆生以当时日本流行的学生制服为基样，设计制作了一套新式服装，即今天所见到的中山装的基本样式。孙中山赞扬“这种服装好看、实用、方便、省钱”，并把自己的政治抱负融于服装之中，给予中山装设计以特有含义。

中山装前襟的四个口袋象征国之四维，即“礼、义、廉、耻”；其左上口袋倒写“山”字形留有插钢笔的位置，象征以“文”治国；对襟有五粒纽扣，象征“行政、立法、司法、考试、监察”五权分立，以及中华民族的道德准则“仁、义、礼、智、信”；其衣袋上的四粒纽扣，象征人民有“选举、创制、罢免、复决”四项民主权利；左右袖口的三粒纽扣则分别表示“三民主义”（民族、民权、民生）和共和的理念（平等、自由、博爱），衣领为翻领封闭式，表示严谨的治国理念；中山装背部不缝缝，表示国家和平统一不容分裂。孙中山做临时大总统时常穿这套样式的服装出席各种场所，为世人所瞩目，故称中山装。中山装的影响范围非常广。当时还曾规定一定等级的文官宣誓就职时一律穿中山装，以表示遵奉先生之法，以身着中山装为荣。

从北京城外城的正南门永定门，沿中轴线向北，面朝北方：右侧（东面）的大口袋就象征天坛；左侧（西面）的大口袋就象征先农坛。经过正阳门便到了天安门：右侧（东面）的小口袋就象征太庙建筑群；左侧（西面）的小口袋便是社稷坛。它就成了一个“浓缩版”的北京城了。

这也说明，中山装和北京城有着一个共同的文化渊源——中华民族传统的居中对称、两厢平衡的审美文化。

在我国，历代对于都城的选定，似乎都在遵循着这样的一条原则：“古之王者，择天下之中而立国，择国之中而立宫，择宫之中而立庙。天下之地，方千里以为国，所以极治任也。”（《吕氏春秋·慎势》）我们姑且不论当时古人所筑的国都，是否都符合“天下之中”的标准，但上述的“择中”原则一直为历朝所遵循。尽管它们的地理位置各有不同，但却认为自己国都的所在地，都处于天下的中心位置，是“天下之中”。

我们从《中国历代都城一览表》（附表一）上可以看到：古代的都城，先是立于中原（夏、商），后进入关中平原（周、秦、西汉）；然后再从关中迁出而进入中原（东汉），分为南北朝，而后又进入关中（隋唐），至宋代又迁出关中，而先后定都开封、杭州；元代定都

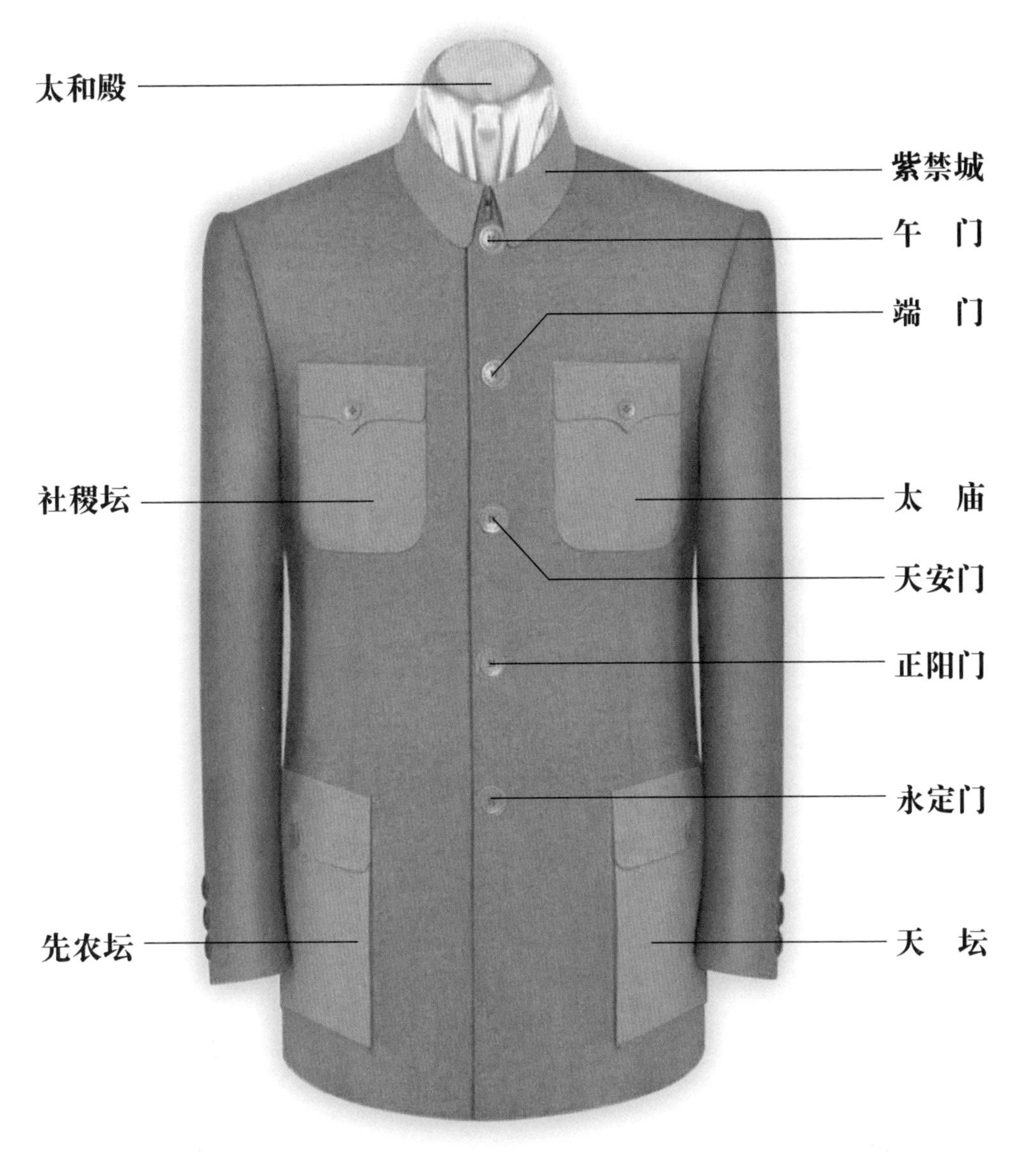

“中轴突出，两翼对称”的中山装

北京；明代先是南京，后又迁至北京，清代因之，直至封建社会终结。这就是说，“天下之中”的思想和理论，是在历朝历代的变迁中日臻完善的。

有人认为，北京位于北方，象征北极。它发根脉于昆仑，襟江带海，向离明而正基，为天下地轴。它固定不动，天下的山川走向都围绕它而布局，就好像天上的“天极”，即天轴一样，诸星皆以它为轴心，昼夜转动不停。北京在地下是地轴，在天上与之相应的是天轴，北京为天下之中，所以地位最尊，足以统万邦而抚四夷。紫禁城的中轴线亦取象天轴，是天下的基准线，为天下山川所拱卫。

这就是说，紫禁城上应天上的北辰，下对地中，处于天下最尊贵的位置。因之，明初建北京城时称“奉天殿”即奉天承运，也承接南京紫禁城正殿之名，以表正统。至明嘉靖四十一年（1562）改名皇极殿；清顺治二年（1645）改名为太和殿，表明追求的是天和、地和、人和，体现的是“为政以德，譬如北辰，居其所而众星共之”（孔子语）。

中国古代都城中轴线及其演进

元以前都城中轴线的确定

1959 年夏，我国的考古学家们对传说中的夏人活动地区——“夏墟”，即今河南西部的偃师二里头遗址进行了考古发掘工作。通过半个世纪的持续发掘，在这里发现了面积达 10 余万平方米的宫城，四周有墙（宽 2 米，残高 0.10 ~ 0.75 米），墙外有环城大路，宽 10 ~ 20 米。宫城内发现两组排列有序的宫殿建筑，并且是以单体建筑沿着与子午线大体一致的纵轴，有主有从地组合为对称布局的建筑群。这座始建于 3600 多年以前的宫城方正、规整。它和它周围的其他大型建筑一起构成了整个都邑的核心。虽然其面积仅是故宫的 1/7 左右，却是中国最早的沿中轴线布局的宫殿建筑群，是后世中国古代宫城的“鼻祖”，是我国最早的“紫禁城”，也是最早的具有明确城市规划的大型都邑。

“在古代中国，‘国’是‘城’，或者‘邦’的意思。一个邦国是

二里头遗址一号宫殿区鸟瞰图

以都城为中心，和周围的农村结合在一起的。‘中国’就是‘中央之城’或者‘中央之邦’的意思。”洛阳盆地是最早的“中国”区域，二里头则是这个区域内最早的一座大型都邑，也就是最早的“中国”。（《北京日报》2011年12月12日《3600年前大型宫室建筑现身》）而“沿着与子午线大体一致的纵轴”并由此往外延伸的大道，也就成了中国历史上最早的“都城中轴线”。

商代都城曾几经变迁，其最后的二百七十三年定都于殷，即今河南省安阳小屯村一带。其宫室虽说是陆续兴建的，但都是以单体建筑沿着与子午线大体一致的纵轴线，有主有从地组合成较大的建筑群。换而言之，在我国封建社会时期，宫殿建筑常用前殿、后寝，并沿轴线纵深对称布局的方法规划建造。这在奴隶社会的商朝后期就已在后宫的建设中略具雏形了。

据李燮平《“五门三朝”与明代宫殿规划的若干问题》所述，成书于春秋战国时期的《周礼·考工记》记载了周王城的制度“匠人营国，方九里，旁三门。国中九经九纬，经涂九轨，左祖右社，面朝后市”。现存的春秋战国时期的古城址如晋侯马、燕下都、赵邯郸王城等，都已有了在中轴线上筑以宫室为主体的建筑群，两侧再布以整齐规则的街道，与《周礼·考工记》所载的“王城制度”大体相符。周宫室外部有为防御和揭示政令的“阙”，且设有“五门”（皋门、应门、路门、库门、雉门）和处理政务的“三朝”（外朝、治朝、燕朝），即所谓的“五门三朝”，且为后世所沿用。其中，阙在汉唐间依然使用，后来逐步演变、附会为明清的午门。

西汉长安城是当时中国的政治、文化和商业中心，也是自商周以来最大的城市。城的东、西、南、北各有三座城门，每门开三个门洞，各宽八米，与《周礼·考工记》所载的以车轨为标准修筑的道路宽度基本相符。其中贯通南北的大街宽五十米，长五千五百米，其间还有宽二十米的驰道，专门供皇帝出巡使用。大街的两侧则筑有排水沟，沟外又有各宽十三米的街道。

隋唐长安城总结了汉末邺城、北魏洛阳城规划建设的经验，将太极宫（皇帝听政、居住之所）置于全城的北端并以承天门与全城的正南门明德门间所形成的宽一百五十米的中央大道（朱雀大街）作为统领全城的“中轴线”。然后，再以纵横交错的棋盘或道路，将全城划分成一百零八个里坊。宫城置于全城最北的中部，其南是

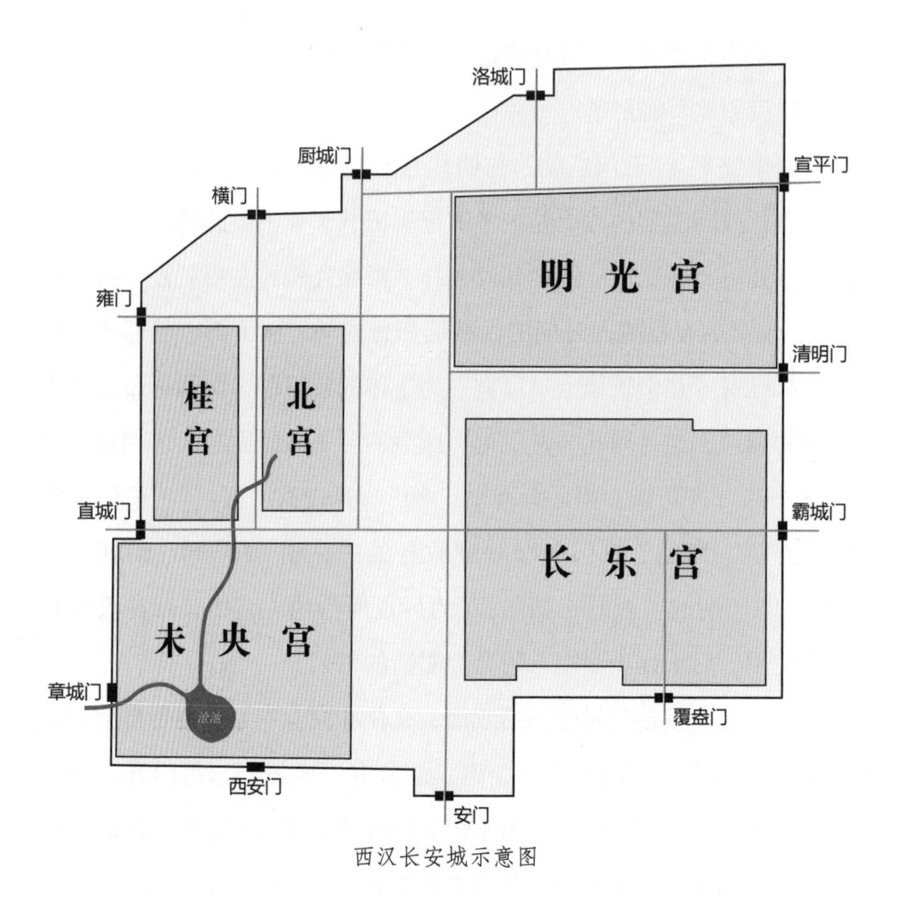

西汉长安城示意图

皇城。其中心部分的建筑布局，则依据左右对称的原则，并附会《周礼》所载的“三朝制度”，即以宫城的正南门承天门为大朝，太极殿、两仪殿为日朝、常朝，沿轴线建门、殿数十座。宫殿建于龙首原高地，居高临下，势如建瓴，使皇宫更显出皇权至上的威严，也使整座长安城的建筑高低错落，气势恢宏，既增加了长安城的立体感，也充分显示出了它的政治主题。

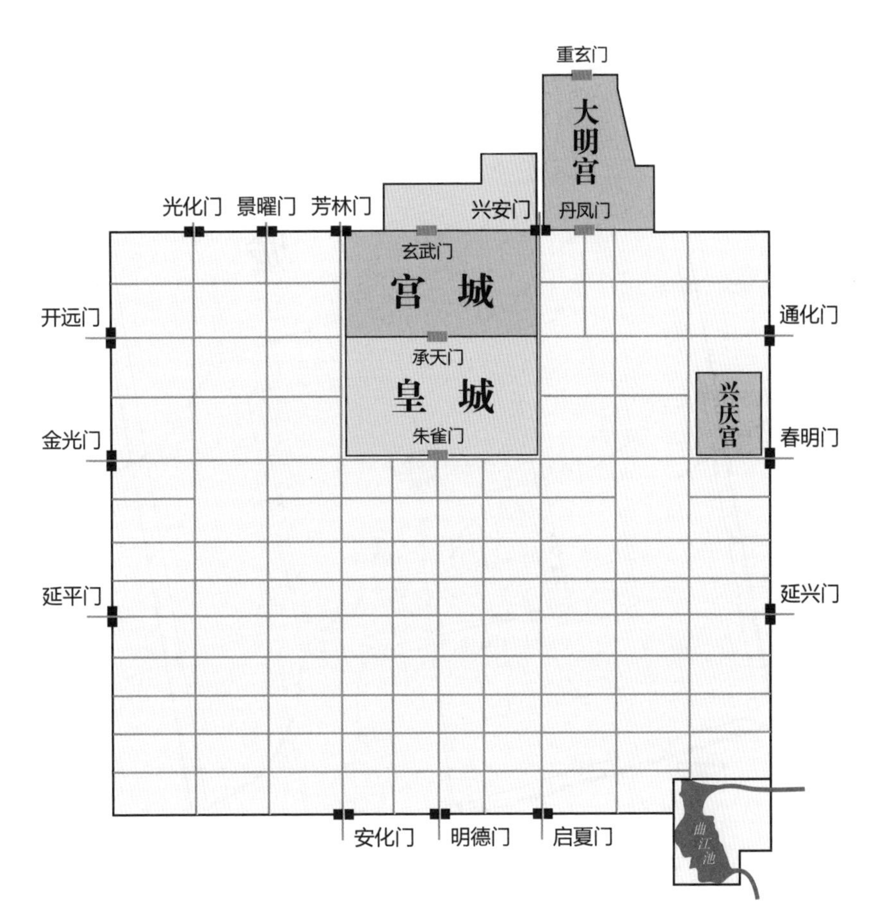

唐长安城示意图

宋太平兴国四年（979），北宋结束了“五代十国”的分裂局面，建立起了统一的中央集权国家，其都城东京（开封）城的平面布局、城市风貌等既有继承，又有其独特的地方，即从大内正门——宣德门，出朱雀门，直奔外城的正南薰门，这条宽三百米的御街，即是统领全

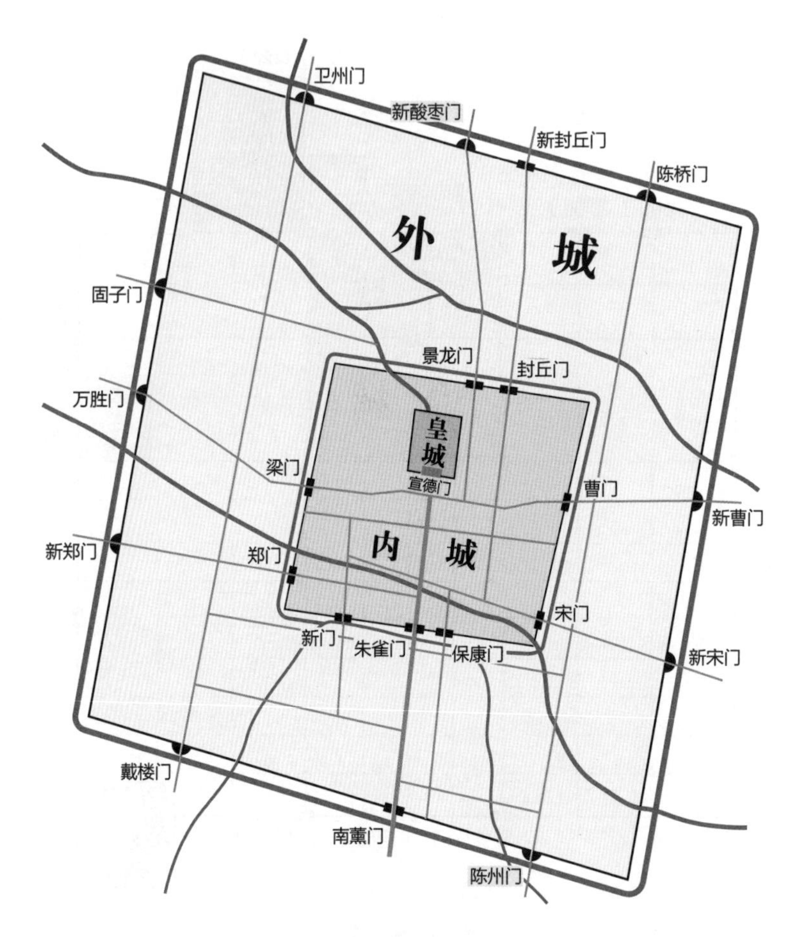

北宋东京城示意图

城的“中轴线”。特别是由皇城、内城、外城形成的层层拱卫的格局，为后世所效仿。

12世纪初，金在占领了辽的陪都——南京（燕京）城之后，又在天德五年（1153）正式迁都至南京，并扩其东、南、西三面，改称中都城。北京成为一代王朝的首都由是开始。整个中都城的规划建设完全是以北宋汴梁（开封）的制度，将南京城改、扩建而成的。城中有一条南起外郭城的正南门丰宜门，北上过龙津桥，进皇城南门宣阳门、千步廊，进宫城南门应天门、大安门、大安殿、仁政殿，出拱辰门，直达北端的通玄门。从金中都城的复原图上可以看出其整体布局，在中轴线的东西两侧并不对称，但仍遵循“中轴突出，两翼对称”的原则，并为后世所继承。

元大都城中轴线的确定

蒙古至元元年（1264），成吉思汗的孙子忽必烈称“汗”，即元世祖。元初，都城在开平（今内蒙古自治区多伦附近）。但是，随着政治重心的南移，原燕京的地位日趋上升。特别是他胸怀灭亡南宋、统一中国的雄才大略，将其都城南移的愿望也日益强烈。蒙古至元三年（1266），忽必烈派刘秉忠来燕京相地，后决定放弃燕京旧城，而在其东北郊以原金代的离宫——大宁宫（琼华岛）为中心兴建新都，即元大都。

我们从中国历代都城演进轨迹的研究中得知，元大都城是中国历史上继隋唐长安城和洛阳城、宋东京（开封）之后，又一座在平原地营建的都城。它们都传承我国古代都城规划布局的理念和手法，采用中轴线对称布局，以突出都城的主要建筑群——王城和宫殿。在中国社会科学院考古研究所绘制的《大都平面复原图》上可以看出，元大都城南北半城各有一条“轴线”：南半城的中轴线南起丽正门，中经棂

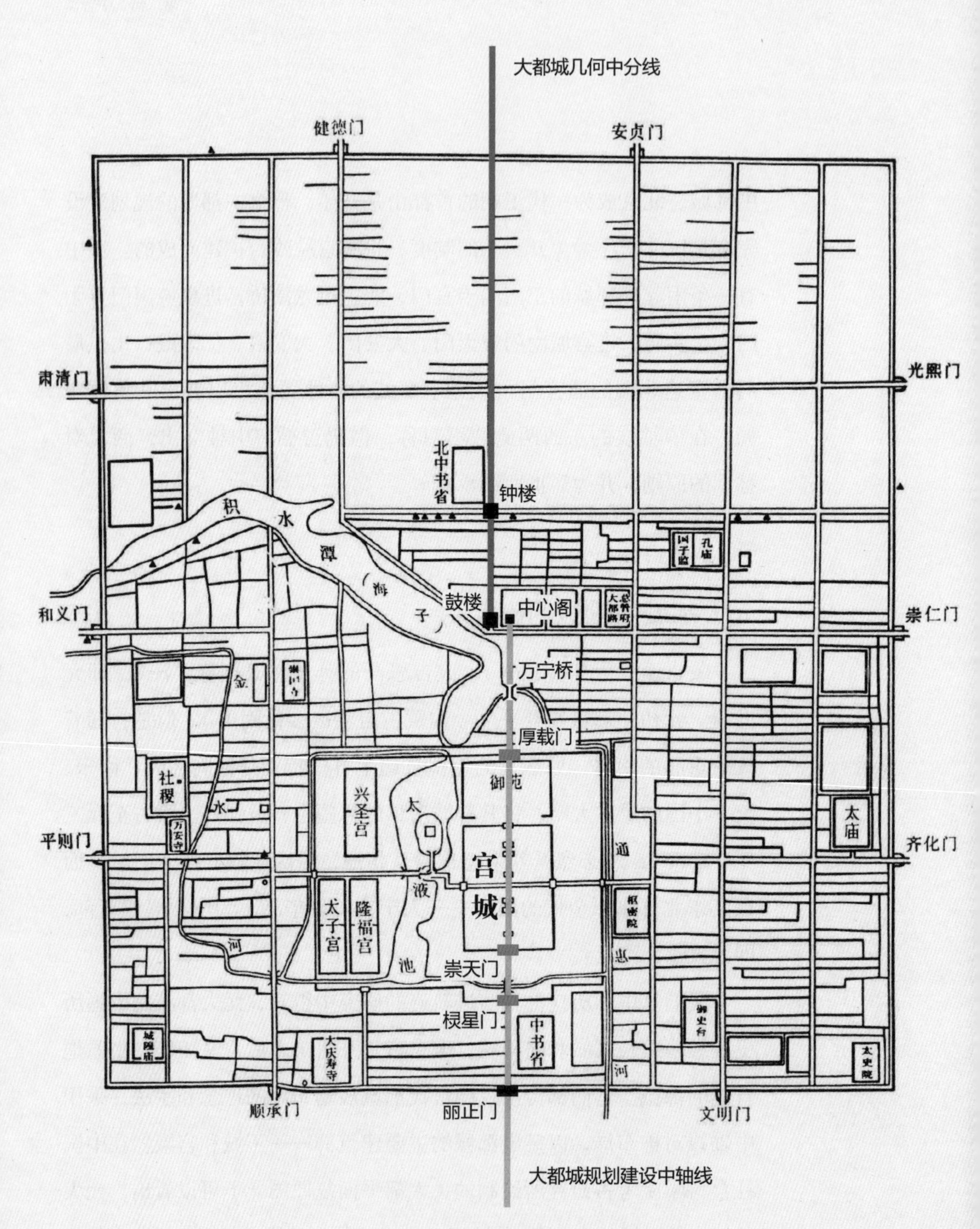

大都城几何中分线
健德门
安贞门
肃清门
光熙门
北中书省
钟楼
积
水
潭
海
子
鼓楼
中心阁
大都路总管府
国子监
孔庙
和义门
崇仁门
万宁桥
金
厚载门
社稷
水
万安寺
兴圣宫
太
御苑
太庙
平则门
齐化门
宫
城
液
通
枢密院
太子宫
隆福宫
河
池
崇天门
惠
棂星门
中书省
御史台
城隍庙
大庆寿寺
河
太史院
顺承门
丽正门
文明门
大都城规划建设中轴线

《大都平面复原图》

星门、崇天门、宫城（包括大明殿、延春阁）、厚载门、万宁桥，抵中心阁，长3.9千米，可称其为“大都城规划建设中轴线”；北半城轴线南起齐政楼（鼓楼），北至钟楼，可称其为“大都城几何中分线”。

那么，这元大都城的中轴线到底是怎么确定的呢?

“世皇（忽必烈）建都之时，问于刘太保秉忠，定大内方向。秉忠以丽正门外第三桥南一树为向以对。上制可，遂封为独树将军，赐以金牌。”（《日下旧闻考》卷三十八）这是记载在熊梦祥的《析津志》中的一段话。这段话的意思是说，当元世祖问刘秉忠定大内的方向时，刘秉忠以丽正门外第三桥南面的大树为基点，向北延伸作为大内（即宫殿）的轴线，并得到了元世祖的认可。

这“第三桥”原是金中都城北护城河（其上游即金口河）向东名为“闸河”上的第三座闸桥，其位置相当于今人民大会堂迤西新帘子胡同附近。“第三桥以南一树”大约在今天安门广场正中偏南的位置。

原来古人立“社”，象征着土地的权属，即社主。也因于此，凡是城市乃至村镇，都建有社坊或社庙祭祀“社主”。而早期的“社主”就是一棵大树。以树定位，也含有建造新都，立社安邦的意义。

侯仁之先生则认为，“大都城规划的起点，严格地讲，就是海子桥（即万宁桥），也就是现在的后门桥 。因为海子桥的选址决定了全城的中轴线，是紧贴着湖泊的东岸定下来的”。

中国工程院院士傅熹年先生认为，就中国社会科学院考古研究所已发表的《大都平面复原图》，用作图法进行分析：如果就大都城的四角画对角线求其几何中心，则可发现它正位于鼓楼处（元称齐政楼）。

在鼓楼正北方，于光熙门至崇仁门之间的中分点位置建有钟楼。将钟、鼓楼连以南北大街，并向北延伸至北墙，形成全城的几何中分线。从图上还可以看到宫城的中轴线并不在这条几何中分线上，而是向东移了一百二十九米。宫城中轴线自宫城正门崇天门向北延伸，穿过主殿大明殿、延春阁，直抵北门厚载门。这条宫城的中轴线向南延伸穿过皇城棂星门和南墙上正门丽正门，向北延伸到正北方的万宁寺中心阁，形成了大都城南半城的规划中轴线。就上图分析，城市的规划轴线偏在城市几何中分线之东一百二十九米处，是由地形条件造成的。大都的西城墙，因要包纳海子于城内，只能在这个位置上。在大都的东墙之东，当时尚有若干大小水泡子（池沼），东墙也难再向东移。但这条几何中分线西面距太液地（北海、中海）太近，只有二百三十米左右，若即以其为宫城中轴线，则宫城之宽要比现在窄三分之一左右，过于逼窄，遂不能不向东移一百二十九米，约合四十一丈。为了在城市规划中同时标明几何中分线和规划建设中轴线，遂在几何中分线处建钟鼓楼，而在规划中轴线的北端遥对宫城各主要门殿建中心阁。这种在城市南半部强调规划中轴线，同时又在城市北半部强调几何中分线的处理方法，说明在规划大都时很仔细地考虑了规划中轴线不得不东移的情况并给以巧妙的处理，对二者同时加以强调而不偏废。

1964 年，中国社会科学院徐苹芳等人曾以考古勘探手段鉴定元大都中轴线的位置。他们从旧鼓楼大街向南，越什刹海、地安门西恭俭胡同一带到景山西门至陟山门大街一线上，按东西方向由北向南排探过六条探坑，均未发现元代路基土。然后，他们往东在今地安门大街上钻探。结果，在景山北墙外探出东西宽约二十八米的大街路基一段，在景山寿皇殿前探出大型建筑物基址；又在景山北麓下探出元代路基，证实从鼓楼到景山的大街就是元大都南北中轴线大街，与今天的地安门南北大街是重合的，寿皇殿前的基址正是元宫城北厚载门的基址。这就完全证实了元大都城南半城规划建设中轴线的走向，元大内就是建在这条中轴线上。同时，也证明了明宫紫禁城又建在了元大内的旧址之上（单士元:《我在故宫七十年》）。

明清北京城对中轴线的传承和确定

明建文四年（1402），燕王朱棣在“靖难之役”中夺取帝位，改年号为“永乐”，明永乐元年（1403）即升北平为“北京”，并封陈珪为泰宁侯，使执掌北平都司，即“北平八府驻军”的最高统帅。明永乐四年（1406）明成祖朱棣召集百官议建北京宫殿，并命陈珪“督军民匠造砖瓦”，以备营建，更命工部“征诸色匠、诸卫选军士、各布政司征民丁，以期明年五月听征”，从而揭开了建设北京城的序幕。明成祖特令陈珪“掌北京缮工事”、铸绘印信、专立衙门，其“制如都督府，下设经历、都事诸员”，实即今工程总指挥。

据《大明太宗文皇帝实录》记载：永乐初建北京都城宫殿时，很大程度上是以南京宫殿为蓝本的，而且“高敞过之”。但实际上，却是以安徽凤阳中都皇宫的规模、体制为蓝本营建的。

我们可以从宫殿的布局上来看。明中都宫殿在万岁山之南，北京紫禁城之后（北）亦筑有土山，且亦名万岁山（清改称景山）；中都皇宫左右有日精山、月华山，但均为小山，北京紫禁城的左右虽无小山，却在宫中置以日精门、月华门。而北京紫禁城从午门到外朝的三大殿这一坐朝之地，与中都皇城更是有惊人的相似之处。

但是，明北京城的规划建设不管是以明南京城为蓝本也好，抑或是以明中都城为蓝本也罢，都仍是以原元大都城的规划建设中轴线为基准进行的。元大都故宫虽被拆除了，但萧洵的《故宫遗录》将其记录了下来。明朝对大都城的改建主要体现在以下几个方面：

明中都遗址鸟瞰图

第一，在元朝宫城的旧基上稍向南移，建成新的宫城。这就是现在故宫博物院的所在地。紫禁城南面正中的午门和北面正中的玄武门（清改神武门），以及城内最主要的宫殿建筑，即象征最高统治中心的前朝三殿（奉天殿、华盖殿、谨身殿，后又改称皇极殿、中极殿、建极殿；清改太和殿、中和殿、保和殿）和后宫三殿（乾清宫、交泰殿、坤宁宫），一律居中建造在全城的中轴线上。其他次要建筑，则都严格遵守对称排列的原则，配置在中轴线的左右两边。

第二，由于紫禁城的南移，旧日皇城及大城的南墙也都逐次南移，从而也决定了承天门（清天安门）和正阳门在中轴线上的位置。

第三，利用午门以外紫禁城和皇城之间新开拓的空间，仿照明初南京城的规制，在中轴线的左右两旁，分别建了太庙和社稷坛，仍保持着"左祖右社"的古制。这样，不仅使原来大都城孤立在东西两城的这两大建筑群，取得了与紫禁城的直接联系，而且还大大地突出了中心大路的分量，增加了承天门（天安门）到午门之间的深度。与此同时，又在社稷坛以西开凿了南海，扩大了皇城中的水面，增添了宫殿的灵秀之气。

第四，利用承天门（天安门）和大明门（在正阳门内，清改大清门）之间的扩建部分，遵照唐宋以来的传统，把直接为封建帝王集权统治服务的中央官署，沿着宫廷前方的中轴线，对称排列在东西两边。这一布局既彻底改变了大都城内元代中央官署的分散状况，也进一步加强了中心大路的纵深感。至于大明门和正阳门之间的这一段距离，则保留下来作为东、西两城东西往来的通道，即棋盘街。

第五，在相当于元代中心阁的位置上，分别建筑了鼓楼、钟楼，南北相望，作为中轴线新的“端点”。另外，又在正阳门外以南，东西两方在相对称的位置上建造了天坛（东）和山川坛（西，最初也叫地坛，后来又改称先农坛）。及至明嘉靖三十二年（1553）加筑外城之后，全城的中轴线便更向南延伸，经过天坛和山川坛之间，直到外城南面正中的永定门。这样，全城明显可见的中轴线南起永定门，北至钟楼，全长 7.8 千米。

第六，最后必须提到的是在紫禁城北面，利用宫城南移后的空间，又沿着全城的中轴线，在距离大城南北两墙的中心点上堆筑了万岁山（清改称景山）——一个人为的制高点。这样，万岁山又代替了中心阁在元朝大都城内的位置，从而标志了改建以后北京城的中心。登临万岁山之上，足以俯瞰北京全城。它在全部的宫城建筑上，虽没有明显的实用价值，却具有突出的象征意义。它企图在一种类似几何图案所具有的严正而又均衡的平面布局上，凭借一个巍然矗立的立体造型来显示出：这里正是封建帝王统治的中心。这种从三维空间来部署城市规划布局效果的，应该还是一个创造。

源自东北“白山黑水”的满族在入主中原定鼎北京之后，便全盘地继承了明北京城，作为中国历史上最后一个封建统治的王朝，清政府对北京城的经营，既体现了清朝帝王对“中华一统”、儒家礼制理念的全盘继承，又展示了时代的变迁。首先将大朝的三大殿改称为太和殿、中和殿、保和殿。清顺治十二年（1655）又将明朝的万岁山改称景山，其前有绮望楼三楹，供奉孔子牌位。清乾隆十四年（1749）在景山北麓建寿皇殿，殿仿太庙形制，是供奉清皇室祖先影像之地。殿九间，上覆黄琉璃瓦，有左右配殿、神库、神厨、井亭，殿前有宝

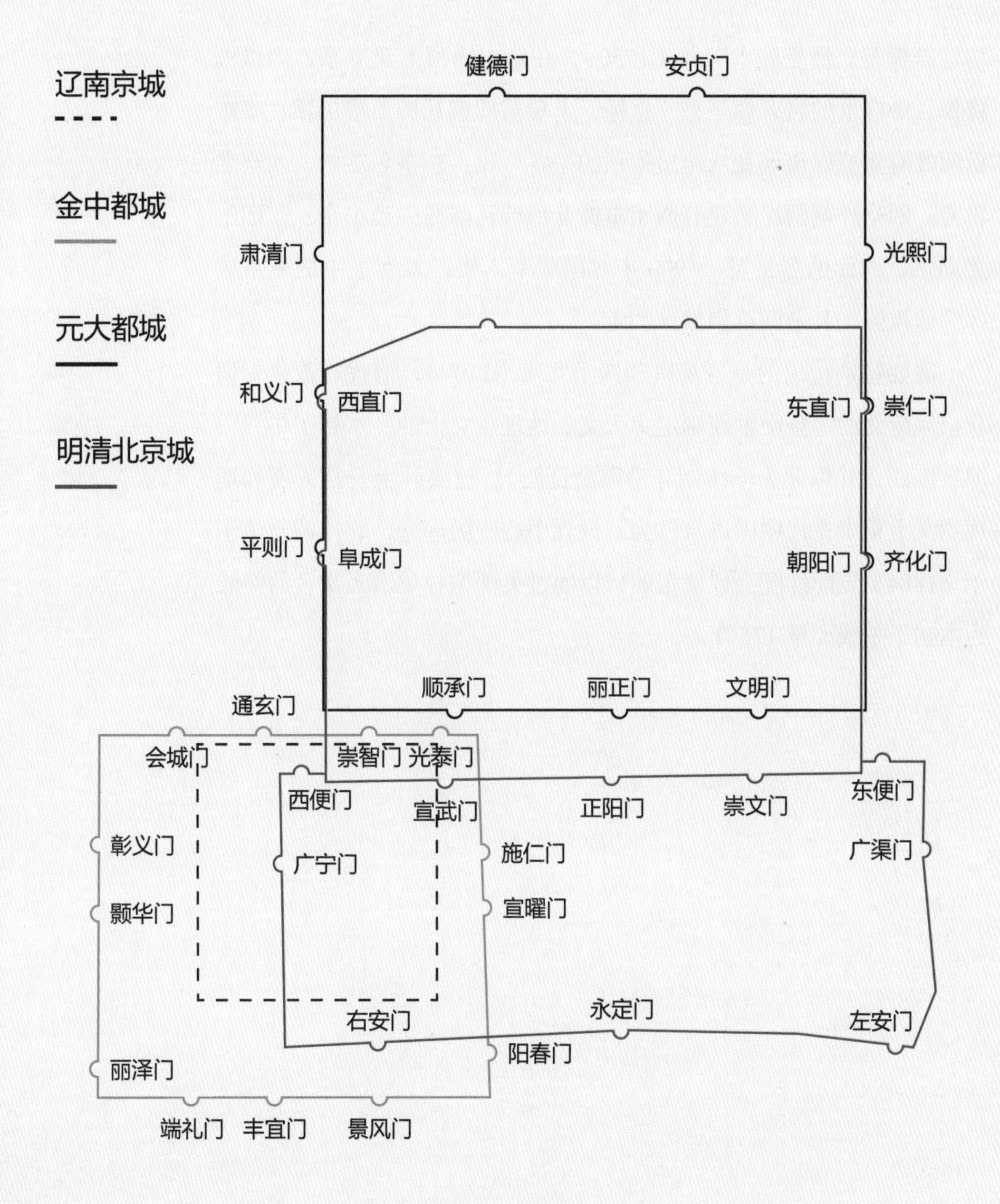
辽南京城
金中都城
元大都城
明清北京城
健德门
安贞门
肃清门
光熙门
和义门
西直门
东直门
崇仁门
平则门
阜成门
朝阳门
齐化门
顺承门
丽正门
文明门
通玄门
会城门
崇智门
光泰门
西便门
宣武门
正阳门
崇文门
东便门
彰义门
广宁门
施仁门
广渠门
颢华门
宣曜门
右安门
永定门
左安门
阳春门
丽泽门
端礼门
丰宜门
景风门

北京城变迁图

坊、石狮等。清乾隆十五年（1750），在景山峰顶上建五亭，内供铜佛像，中峰上的名万春亭，三重檐，上覆黄琉璃瓦四角攒尖顶；亭东西两峰有重檐绿琉璃瓦八角攒尖顶的亭各一座：东亭名观妙，西亭名辑芳。两亭外侧两岸又建有两座重檐蓝琉璃瓦圆攒尖顶小亭：东面的名周赏，西面的名富览。1900年八国联军入侵，万春亭中的毗卢遮那佛像被毁，其余四尊佛像被劫走。

需要特别指出的是，清康熙四十八年（1709），清政府曾将贯通北京城南北的这条中轴线确定为天文、地理意义上的“本初子午线”，即零度线，并以此为准绘制《皇舆全览图》。这实际上是从天文和地理意义上重申古代中国以自己为“世界中心”的理念，它比清光绪十年（1884）国际经度会议确定的，以通过英国格林尼治天文台的经线为本初子午线要早175年。

北京中轴线的传承和发展

北京城面临新时代

城市是人类所创造的最大、最复杂，但又异于一般的“人工建筑”，同时它又是一个有生命的机体。它有其诞生、成长、发展、变化乃至衰亡的规律。它随着某一历史时代的客观条件而诞生和兴起，并为一定的时代服务。而当一个时代过去之后，假如它不产生根本性的蜕变、交替而取得新的生命，那它就会随着时代的流逝而衰亡。

明清北京城可以说是举世公认的城市规划和建设的杰作，是封建时代王城的最高典范。梁思成先生自 20 世纪三四十年代即已进行古建筑保护工作。1945 年他开始研究城市问题，并参与了北京城的文物整理工作。1947 年，他发表了《北平文物必须整理与保存》一文，认为：北平的整个形制既是历史上可贵的孤例，同时又是艺术上的杰作，城内外许多建筑物又各自是在历史上、建筑史上、艺术史上的至宝。整个故宫自不必说，其他许多文物建筑也都是富有历史意义的艺术品，它们综合起来是一个庞大的“历史艺术陈列馆”。我们承袭了祖先留下的这一笔古今中外独一无二的遗产，维护它的责任，是我们这一代人所绝不能推诿的。

新中国的成立，标志着社会主义新时代的开始。古老的北京城也就必然要面临继承和改造的问题。这之所以显得特别突出和必要，是因为旧北京城在空间格局上，是以非凡的艺术手法集中表现封建皇权至高无上的主题思想，可它与社会主义时代人民当家做主的主题是完全相悖的，也显然是难以调和的。

北京既已确定为这个新时代的人民的首都，人们也就必然会要求它在全城的规划上充分表现出“人民当家做主”这一主题思想。这样的一种承继和改造，是没有任何一个先例可以作为借鉴的。

天安门广场的继承和扩建

封建时代的天安门广场，是设在皇城正前方的宫廷广场，轮廓呈“T”字形，是皇帝举行重要活动的地方。广场北依皇城南墙，正中为天安门（明称承天门）。门前有东西横街，街面敞阔，东西各有一门（东曰长安左门，西曰长安右门，现在的东、西长安街即由此而得名）。横街正中向南，与天安门南北取直，开辟了一条狭长的纵街。纵街南端也有一门（明称大明门，清改称大清门，辛亥革命之后改称中华门），出门过棋盘街（也称天街）便是正阳门（通称前门）。在纵横两街的三门之间，沿着“T”字形广场的边缘，筑有红墙。红墙

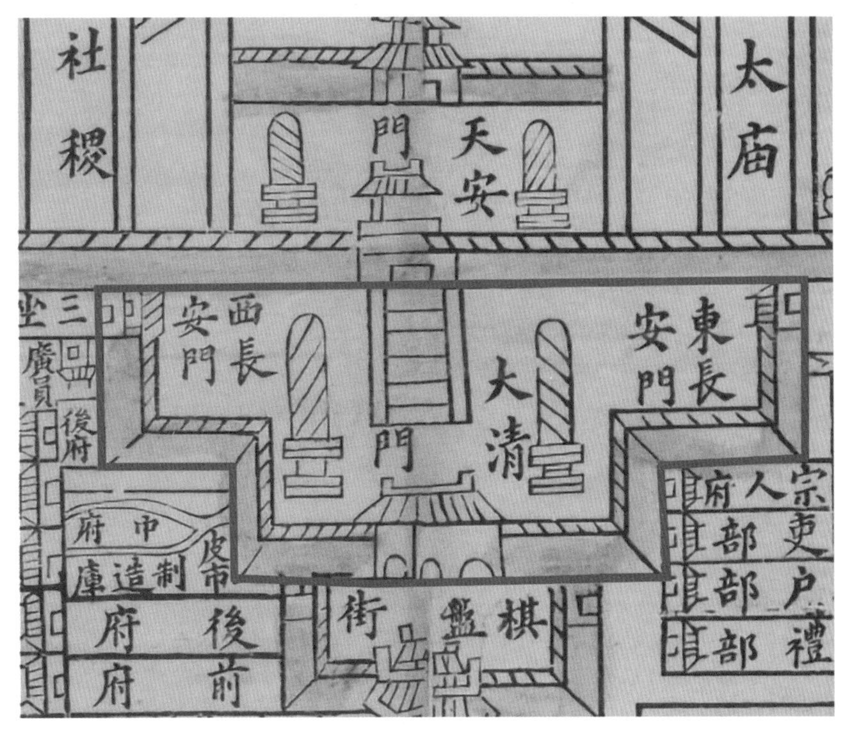

天安门前的“T”字形广场（《京师全图》　清乾隆时期淡彩印本）

内侧又建有连檐通脊的千步廊。

明清时期，封建皇帝利用这一封闭严密的宫廷广场，举行盛大庆典，庶民百姓是严禁入内的。例如皇帝登基，就是在隆重的礼仪中，从天安门上传下诏书，然后公布天下的。还有一些照章例行的事，也在广场上进行，例如国家开科取士，殿试之后要“金榜”题名，这“金榜”照例是从天安门送出长安左门，然后公之于众。只要“金榜”有名，十年寒窗的士子，从此便“一登龙门，身价百倍”。因此，这长安左门又叫“龙门”。而每年会把重犯由长安右门押入判明“正法”，这又好似一入虎口，再无生还。因此，这长安右门又叫作“虎门”。显而易见，这样的地方庶民百姓是难以涉足的。

1949年10月1日，中华人民共和国的开国大典在天安门广场举行。天安门这座凝聚着古代劳动人民智慧和血汗的建筑，也以其特有的巍峨庄严的形象，出现在伟大祖国的国徽上，象征着一个古老文明的新生。但是，当时天安门前的广场，还处在三面红墙的包围之中，面积狭小，视野局促，沉浸在欢乐气氛中的绝大多数人民群众，并不能直接进入这隆重的开国大典的现场中来。于是，对天安门广场的继承和改造这一尖锐问题，便被提到了议事日程。20世纪50年代初，北京市委便着手规划设计天安门广场改造扩建工程。1954年华北城市建设展览会上曾征集到10个方案，之后全国1000多名城市建设工作者、建筑师、艺术家，提出了30多个新的方案。而后归纳、筛选成7种类型。最后，经过反复比较，取长补短，综合成一个方案，经中央批准后付诸实施。这个方案的主要内容是：

天安门广场是一个庄严、雄伟的政治性广场；保留正阳门和箭楼，拆除中华门，其东西两侧分列中国历史、中国革命博物馆和人民大会堂，其形制、体量和高度，既取决于建筑物本身的需要，也要与广场的整体性，乃至旧有的古建筑相协调；广场面积初步定为40公顷（东西宽500米，南北长850米），略呈长方形。

1958年8月，中共中央在北戴河召开了政治局扩大会议，会上

1950 年的天安门广场

决定，为迎接中华人民共和国成立10周年，扩建天安门广场，建造人民大会堂，中国历史、中国革命博物馆等十大建筑，并由当时的北京市委书记彭真亲自抓天安门广场的设计和施工。彭真说，天安门广场是首都的中心、首都人民的集会场所，这次改建、扩建天安门广场，一定要设计好。关于如何设计，彭真向毛泽东同志做了请示，毛泽东指出：要反映出我国历史悠久、地大物博、人口众多的特点。设计指导思想是庄严宏伟，气魄要大，使它成为能容纳100万人集会的世界最大的广场……

就在中华人民共和国成立10周年的前夕，古老的天安门经过重修，焕然一新，而三面的红墙连同阻碍交通的东西长安门被彻底拆除。广场西侧是象征人民拥有至高无上的政治权力的人民大会堂，东侧是中国历史博物馆和中国革命博物馆，连同广场中央先已建成的人民英雄纪念碑，形成了全国各族人民共同向往的政治活动中心。于是一个规模雄伟、气势磅礴的人民广场便呈现在人们面前。

值得注意的是，天安门广场东西两组建筑长300米、宽174米，与长880米、宽500米的广场配合得很协调。据查，外国广场与周围建筑物高度之比多为1∶2、1∶3、1∶4，我国宫廷广场的比例空间为1∶10，显得比外国广场开阔。这次天安门广场扩建采用的天安门之高与广场长之比为1∶12.9；人民英雄纪念碑之高与广场宽之比为1∶11.5。这样的比例使广场显得更加舒展开阔，气魄宏伟。

整个天安门广场，北面是天安门，南面为正阳门，东列中国历史博物馆、中国革命博物馆，西屹人民大会堂，中间矗立着人民英雄纪念碑，构成了一组完整的政治性、纪念性建筑群体，强烈地体现了首都是全国政治中心和文化中心的特点。

与此同时，作为广场两翼的东西长安街，经过改造之后，出现了一条平坦浩荡的大道，向东西延展，成为横贯全城的一条新轴线，使北京旧城那条原本象征帝王统治中心的南北旧轴线，失去了对全城独一无二的控制作用，使旧日雄踞全城的紫禁城，在城市的总体格局中，退居到了次要的地位。现在环顾四周，旧日作为宫廷前卫的正阳

北京天安门广场

门和天安门，尽管位置依旧，功能却焕然一新。这两座巍峨的建筑物，成为新的人民广场南北边界的标志。人民大会堂与中国历史博物馆、中国革命博物馆分列东西两厢，新老建筑物十分和谐地融合在一起，形成具有极大特色的轮廓线。在这里，通过造型的建筑艺术，可以看到悠久历史文化的延续和发展。

1976 年 9 月 9 日毛泽东逝世后，党中央做出了建立毛主席纪念

天安门广场的升旗仪式

堂的决定。纪念堂的选址有过天安门、香山、景山等5个方案。最后定在了人民英雄纪念碑和正阳门之间。来自北京、上海、天津、广东等8省市的10个设计单位和40多位专家、建筑师参与了初步方案的设计工作。后以北京市建筑设计院为主组成规划设计组，完成最终的设计方案。毛主席纪念堂是由44根17.5米高的柱廊相围的正方形建筑，并采用红花岗石的双重台基和汉白玉栏杆，屋顶为具有民族风格的重檐黄琉璃瓦板平顶檐口，其四周由4组群雕和四季常青的松柏围绕，正面面向北广场。在建设毛主席纪念堂的同时，又把广场扩大了10公顷，修缮了正阳门，铺设道路广场18万平方米，栽种各种树木13000多株。这就是我们今天所见到的天安门广场的全貌。

综上所述，在北京城市发展的历程中，中轴线的位置并没有因时代的更迭而发生变化。从天安门广场的改造、永定门的复建，从人民英雄纪念碑的建立、人民大会堂和国家博物馆的建设可以看出，我们不仅没有改变中轴线的位置和走向，新建的建筑完全尊重了中轴线的存在和它应有的价值。以前，紫禁城是国家的象征，而现在天安门是国家的象征。天安门城楼上挂着中华人民共和国国徽，国家的重大节日、阅兵仪式等重大事件都在天安门广场举行。国旗升旗仪式也已成为中国人民心目中最庄严的时刻，并成为旅游者必看的项目。

北京中轴线的文化内涵

北京城规划建设的基准线

著名建筑学家梁思成曾这样评价："北京独有的壮美秩序就由这条中轴的建立而产生，前后起伏、左右对称的体形或空间分配都是以这中轴线为依据的，气魄之雄伟就在这个南北引伸，一贯到底的规模。"

美国芝加哥大学学者、原籍英国的卫德礼教授在其巨著《四方之极》中说：

在中国城市中沿着自南而北的主轴线行进的大路，比起任何自东而西的道路都更为重要。沿着这条主轴线的大路，布置了最重要的官方建筑。至于在都城中，所有这些建筑都是面向正南，毫无例外。应该看到，在中国城市中，这条南北轴线的功能和欧洲巴洛克式城市中的街景大道是很不相同的。后者的设计使得处于远方尽头处的建筑物在展望中显示其位居中心的重要性。中国城市中的中心大路的重要性，不在于视觉上的突出，而在于其象征意义。实际上它的全部街景永远不可能在同一时间或同一地点呈现在眼前。它并不是由一系列的空间所组成的一个中轴线上的完整街景。这一中轴线的设计，在北京城里被十分突出地显示出来。如果沿着这条中心大路行进，迎面而来的似乎是没有尽头的大门、城楼以及城垣的延续。

卫德礼教授充分指出了北京城内中轴线的特点以及它在主导方向上必是南北向的。那么它的象征意义又何在呢？

如前所述，北京城中轴线的设计始于元代大都城，而大都城的平面布局，在我国历代都城的建设中，又和《周礼・考工记》“匠人营国”的描述最为相似。“匠人营国”的中心内容是“左祖右社，面朝后市”，这里虽然没有明确提出要有一条中轴线，但这条中轴线是隐然存在的。因为左有太庙（左祖）、右有社稷坛（右社），这左右对称的位置，正说明两者中间必然有一条中轴线。而前方的空廷（面朝）和后方的市场（后市），也就必然是布置在这条中轴线上的。更值得注意的是“匠人营国”的这段描述，在说明主要建筑的相对位置时，用“左”“右”以指示东、西，用“面”“后”以指示南、北。用“面”以表示“南”，不仅指明了方向，而且还暗示着一个“前瞻”的含义。

也就是说宫殿建筑的设计，必须是面向正南，因此宫殿中统治者的“宝座”也就必然是向南，而不是向北了。宫殿建筑的这种设计一直延续到后代，在历代封建王朝的统治时期，登上“宝座”“君临天下”者，也就被称为“面南而王”了。这一事实，也就赋予国都设计中的特殊的象征意义。也正是中轴线的这一象征意义，才显示了中国都城设计上的最大特点。

“中轴突出，两翼对称”是北京中轴线在北京城规划建设总体布局的外化表现。它综合了形体上的壮丽、工程上的完美和布局上的庄

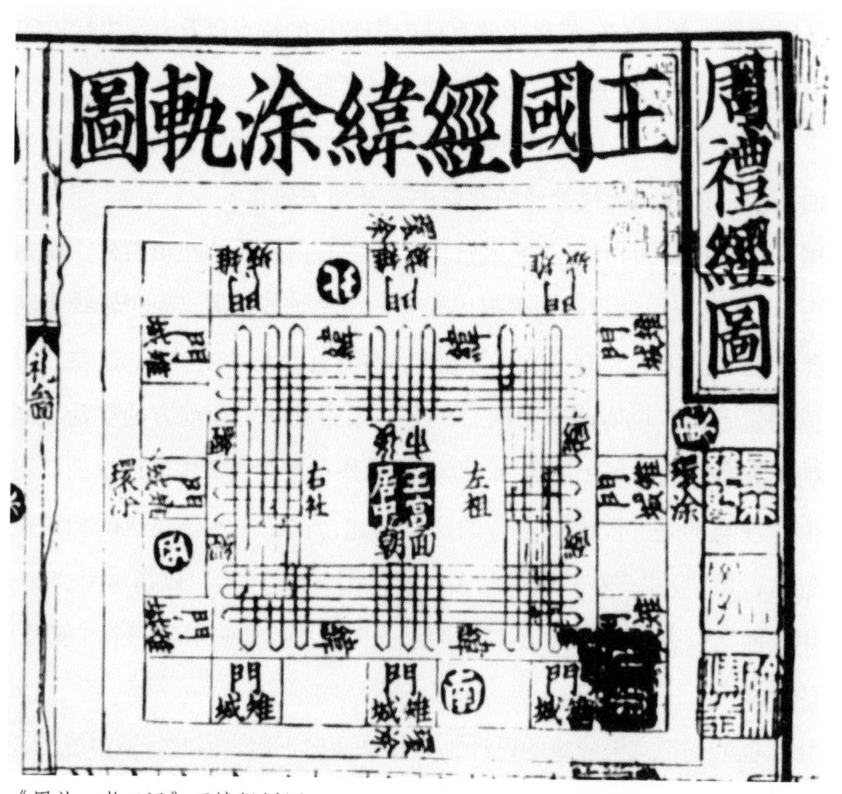

《周礼·考工记》王城规划图

严有序，成为世界上一组最优异、最辉煌的建筑纪念物。它有无与伦比的历史和艺术价值。它是中国历史上皇权统治时期，最后、最完整、宝藏最丰富的。

侯仁之先生则说：较之华盛顿城市规划的东西轴线，北京城的中轴线有它的特殊意义。“中轴线的南北向，确实有深厚的历史文化渊源，是受自然环境的影响加上人工创造而发展起来的。”

明清北京城在规划建设时，是将城市作为一个整体来进行的。而北京中轴线便是这个“整体”规划建设的基准线。换而言之，整个北京城的规划建设是以它为基准线进行的。正因于此，才形成了北京城在城市规划建设上的最大特色——“中轴突出，两翼对称”。

先看象征封建帝都所在的标志性建筑的布局状况：

“左祖右社”：位于天安门两侧的“左祖”即太庙（今北京市劳动人民文化宫），是明清皇家的家庙所在，是皇帝祭祀祖宗的地方；“右社”即社稷坛（今中山公园），是明清皇帝祭祀“社”（土地爷）、“稷”（五谷神），祈祷来年五谷丰登的所在。

“左天坛，右先农坛”：天坛是明清皇帝祭天祈谷，祈祷“风调雨顺、五谷丰登、国泰民安”之地；先农坛则是明清皇帝亲耕和祭祀先农的所在。

紫禁城内所有的建筑群、组几乎都是严格地遵循以中轴线为基准，两侧严格对称进行布设的。如太和殿左右两侧的文华殿、武英殿建筑群；乾清宫左右两侧的东、西六宫，乃至御花园中钦安殿西侧，东为万春亭，西为千秋亭；景山上万春亭东、西四亭的两两对称；等等。

内城的“东单”（东单牌楼）、“西单”（西单牌楼），“东四”（东四牌楼）、“西四”（西四牌楼）亦都是东西对称而建的。

内外城的城门东西两边也是严格对称的：

外城：永定门两侧的左安门、右安门，广渠门、广安门，东便门、西便门。

内城：正阳门两侧的崇文门、宣武门，朝阳门、阜成门，东直门、西直门，安定门、德胜门。

新中国成立后，我们在对天安门广场的改造建设中，也仍然遵循“中轴突出，两翼对称”的原则，以人民英雄纪念碑居中，左面为中国历史博物馆和中国革命博物馆（今中国国家博物馆），右面为人民大会堂。

北京是“天下之中”的象征

明清北京城有两个显著的特点：一个是平面呈“回”字形的格局，即以太和殿为中心，由紫禁城、皇城、内城、外城层层拱卫的格局。外朝的太和殿和内廷的乾清宫是建在平面呈“土”字形的汉白玉台基上的。这就是与“天中”紫微垣相对应的“地中”紫禁城。太和殿自然是紫禁城的中心，太和殿的宝座自然是中心的中心了。皇帝面南而坐并由此向南延伸到正阳门、永定门，觐见者由南而北次第而上，便是一条通达“天子”的御路——“通天之路”。

“天人合一，象天设都”是中国亘古不变的定律——北极为天之中心，天帝在紫微垣居之，施政于天下；作为“天子”——皇帝的京

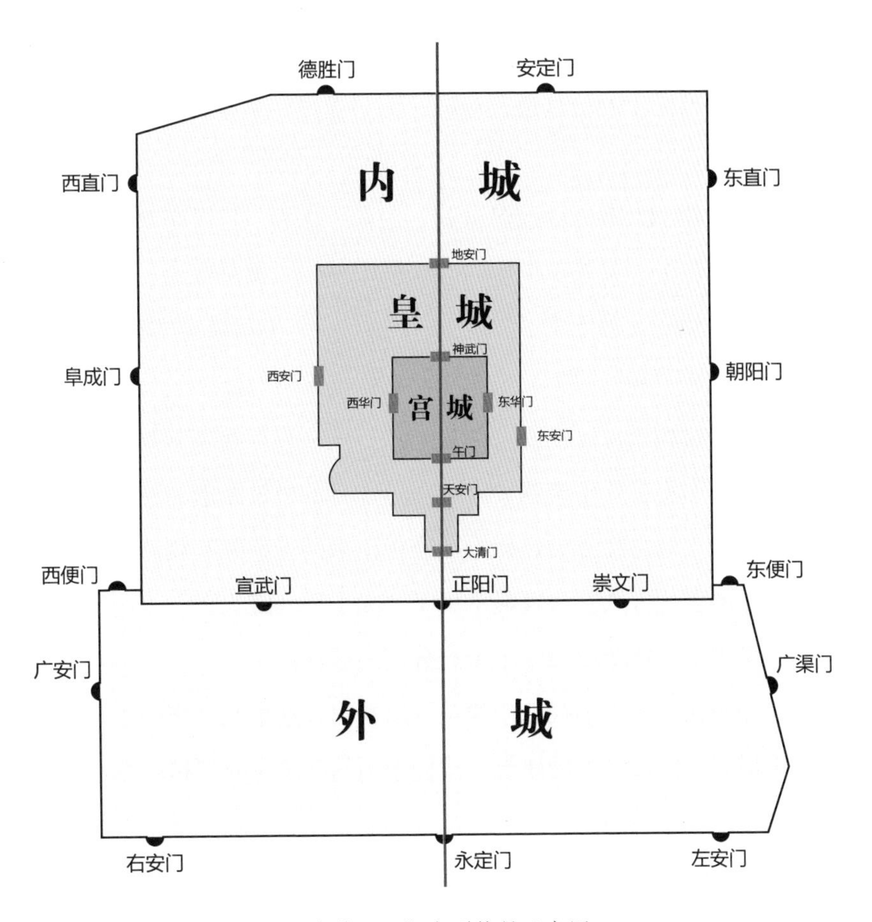

北京城“回”字形格局示意图

邑必须效法于天，筑宫城于地之中心——“土中”，即“紫禁城”。

明永乐年初建紫禁城时，袭用南京明宫殿的规制。前三殿名奉天、华盖、谨身。用“奉天”即是“奉天之命”行使皇帝权力；“华盖”乃是护卫皇权的象征；“谨身”乃是警诫自己、教育后代，以保持统治地位。明嘉靖年改为皇极、中极、建极，则是意在“治国安民就需建立至高无上的伦理道德标准，而皇极殿就是施行这种最高标准的殿堂”。

清初重建三大殿之后改名太和、中和、保和。这既是封建统治者最高权力的象征，又是他们所追求的最高理想，即是在天、地、人之中，阴阳交错、矛盾至极，却又能融合于一个相对稳定的整体之中，这就是最大的“和”，即“太和”。

在我国自周至清，在都城的规划设计上一直存在着、延续着一个基本定式，即将主要建筑物安排在一条笔直的中轴线上，左右取得均衡对称布局，就是在都城建设中所表现出来的天地间互相感通、高度抽象化了的表达方式。这既显示出了“天子”一统天下、至高无上的权威，又把都城打造成为一个不可分割的整体。

从分布在北京中轴线上的建筑可以看出，这里几乎集中了北京全城等级最高、体量最大的建筑。我们中国的建筑是有严格的等级差异

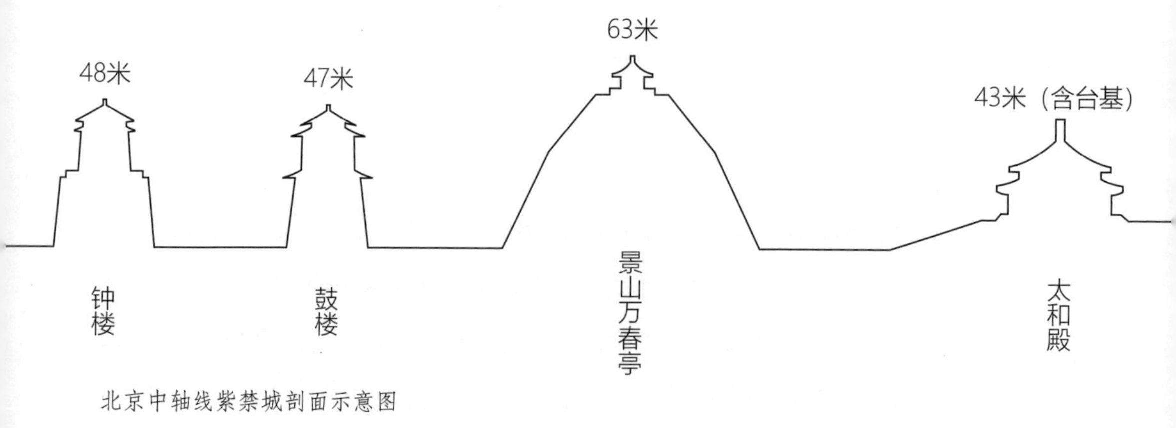

北京中轴线紫禁城剖面示意图

的。而这个“等级”又是通过建筑物的体量大小、形制的高低、彩绘的繁复等诸多方面来体现出来的。

我们常说皇帝是“九五之尊”。这“九”是阳数中的最大者，“五”是九个数字的居中者，又象征“金、木、水、火、土”五行及“东、西、南、北、中”五个方位。中轴线上的建筑大都是“九开间、五进深”。为了突出太和殿的特殊地位竟是“十一开间，五进深”。黄琉璃瓦庑殿顶（也就是我们平日所说的“四坡顶”）原是中国古建筑中等级最高的屋顶，太和殿则是重檐庑殿顶；其次是歇山顶，天安门、端门都是重檐歇山顶。另外，黄色为封建帝王所专用，从大明门（大清门）一路北上，绝大多数的建筑都是上覆黄琉璃瓦顶。

再从建筑物高度上看，中轴线的建筑都是“鹤立鸡群”，比周围的建筑物要高，如永定门二十六米、正阳门四十二米、天安门三十四米、午门三十八米、太和殿三十五米（加上汉白玉台基高四十三米）、景山万春亭六十三米、鼓楼四十七米、钟楼四十八米。

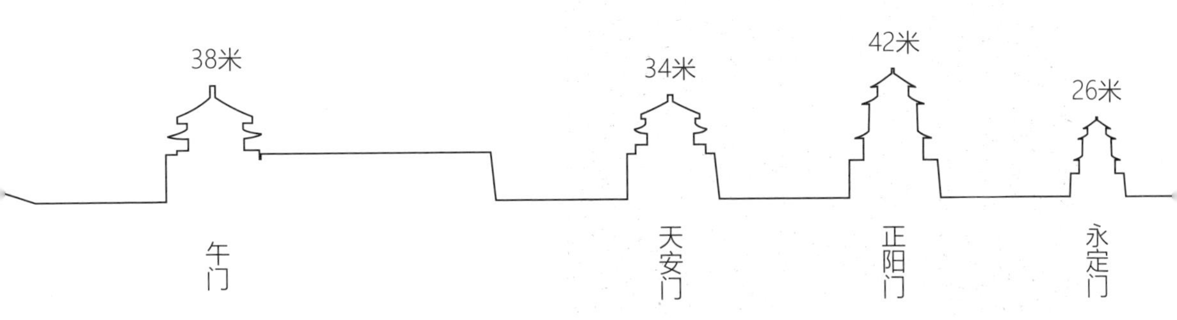

中轴线上的建筑在油漆彩画上也是最高等级的，大都是旋子彩画或和玺彩画，乃至金龙和玺彩画等。

同样，在对天安门广场的改造上，既突出了“人民当家做主”“人民英雄纪念碑”居于中心地位，又取与周围的建筑互相协调的手法，颇为成功。

“北辰崇拜”的载体

中国位于北半球亚欧大陆的东端，太平洋的西边。居住在这个地理位置的中国古人在长期对天体的观测中，形成了这样的一种观念：天界是一个以帝星——北极星为中心，以四象、五宫、二十八宿为主干构成的庞大体系。天帝所居的紫微垣，位居“五宫”的中央。满天星斗都环绕着帝星，犹如臣下奉君，形成拱卫之势。因之，历代帝王都自誉为是“受命于天”的“天子”这个人间至高无上的称谓。这种“君权神授”“天命血缘”“人王乃天帝之

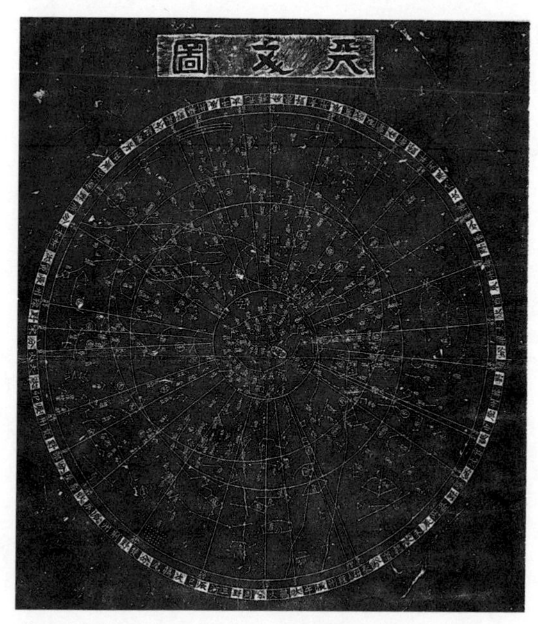

宋天文图中北极星位于星图的最中心

替代”，不仅是我国古代神权统治思想的核心，也是封建帝都规划建设的思想渊源，“象天设都，面南而王”也就成了我国亘古不变的原则。因为，北极位居北方，众星向北环拱。那么地上的皇帝也如“北极”向南，臣下朝觐时，也必须向北拱揖。换而言之，对于我们位于北半球的人来说，以北为上的习俗本质上是崇拜北极、崇拜太阳的产物。而作为帝都自北而南延伸的中轴线也自然是“面南而王”的象征，北辰崇拜的载体。中国地处北半球亚热带季风气候最为显著的地区，冬季在亚洲大陆西北内部形成的高气压，带来寒冷强劲的偏北风，袭击着黄河流域的中下游，气候严寒，长达数月之久；夏季高气压中心转向东南的太平洋上，来自东南方湿润的气流又使温度上升，甚至暑气蒸人。于是房屋建筑背北而南是最为相宜的。北侧封闭，以避冬季风寒侵袭，南侧开设门窗，既便于冬季阳光斜射室内，又有利于夏季空气流通。而且与自古以来相沿成习，宫殿的规划设计必须面向正南，皇帝的宝座必须是“面南而王，君临天下”的政治主题是完全相一致的了。

建筑艺术的代表

按明清北京城的平面构图，中轴线自南而北可分为三大段：

第一段自永定门至正阳门，长三千多米，最长，节奏也最和缓，是高潮前的铺垫。

第二段自正阳门至景山，贯穿宫前广场和整个宫城，长约两千五百米，较短，是高潮所在。

午门

第三段从景山至钟鼓楼，最短，只有两千多米，是高潮后的收束。

第二段的处理最为精彩，本身又可再分为三节。第一节前导空间由大明门至午门，三个串联的宫前广场，长达一千二百五十米，恰为全长的一半；第二节即紫禁城本身，由前朝、后寝（又可称外朝、内廷）和御花园三部分组成，长约九百五十米；第三节是系列的收束，自紫禁城北门神武门至景山峰顶万春亭，长约三百米。每一节和各节中的每一小段，艺术手法和艺术效果各有不同，但都围绕着渲染皇权这一主题，相互连贯，前后呼应，一气呵成。

（1）前导空间，承天门、端门和午门前的三座广场。

大明门建在平地上，体量较小，形象也不突出，只是一座单檐庑

殿顶的三券门屋，砖建。门内广场呈“T”字形，先是“T”字长长的一竖，两旁夹建长段低平的千步廊。以远处的承天门为对景，纵长的广场和千步廊的透视线有很强的引导性，千步廊低矮而平淡的处理意在尽量压低它的气势，为壮丽的承天门预做充分的铺垫。承天门前面，广场忽做横向伸展，横向两端各有一座类似大明门的门屋。高大的承天门城楼立在城台上，面阔九间，重檐歇山顶，城台开有五个券门，门前有金水河和正对五个门的五座石拱桥。洁白的石桥栏杆、华表和石狮，与红墙黄瓦互相辉映，显得十分辉煌，气势开阔雄伟，与大明门内的窄小低平的千步廊形成强烈对比，是前导序列的第一个高潮。这种欲扬先抑的处理是中国建筑群体构图经常采用的手法。这反映出中国建筑鄙视一目了然，不屑急于求成，讲究含蓄和内在，承天门（清改称天安门）广场是其杰出的范例。

端门广场方形略长，虽比千步廊部分宽，但较天安门前的横向尺度收缩很多，四面封闭，气氛为之一收。它的性格中庸平静，是一个过渡性空间，预示着另一个更大的高潮。

午门广场与端门广场同宽，而进深大为加长，北端上午门巍然屹立。午门作为宫城正门，即所谓宫阙，继承了隋唐以来的传统，平面呈向南敞开的倒“凹”字形。在高大的城台上，正中重檐庑殿顶大殿体制最崇，从广场地面至殿顶高约四十米，是紫禁城最高的建筑。大殿两侧以低平廊庑连接，至左右“凹”字形转角处和前伸的尽端各建一座重檐方亭，整体轮廓错落，体量雄伟，是整个宫殿前导部分的高潮并就此结束。午门因由五座殿、亭构成，俗称五凤楼。午门广场的

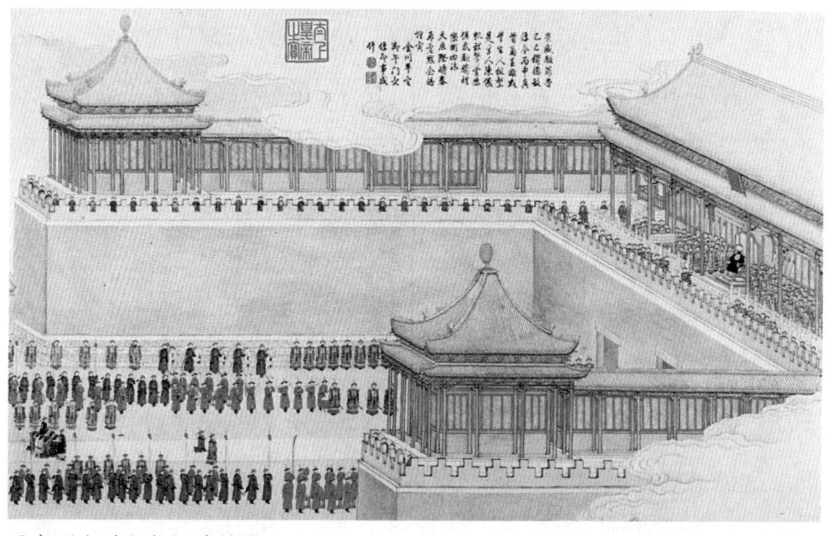

平定两金川之午门受俘图

气氛以震慑为目标，巨大的建筑体量形成了压倒一切的威势，显示了皇权的凛然不可侵犯。“精神在物质的重量下感到压抑，而压抑之感正是崇拜的起始点。”为了达到这样的效果，建筑师采取了如下手法：其一，采用四面封闭而狭长的广场形式，人们沿着这个广场的中道行进需要较长的时间，情感可以得到充分酝酿。其二，过远的视距将会削弱广场尽头主要建筑的体量感，于是将广场两侧的朝房尽量压低，以对比午门的高大；午门下有两座值卫小屋，更有意压小尺度，也有助于反衬午门的高大。同时，午门本身采用“凹”字形平面，左右前伸，拉近了建筑与人的距离，扩大了景物的水平视角，也丰富了整体造型。其三，“凹”字形平面有很强的表现力，当人们距午门越来越近时，三面围合的巨大建筑扑面而来，高峻单调的红色城墙渐渐占满整个视野，封闭、压抑而紧张的感受步步增强。午门正面开三门，门洞口方形，也是一个有意味的处理，它比起圆拱门更为肃穆，没有和缓、通融的余地。明清两朝是一个高度强化的封建君主专制政权，要求建筑艺术反映这种社会属性，午门即其一例。比起前代与之相当的建筑如唐大明宫含元殿，它规模虽然较小，却更加森严冷峻，不如含元殿开阔、明朗。

（2）作为中心和高潮的前朝、后寝、御花园。

进入午门就开始了轴线的第二节，首先遇到的奉天门（后改皇极门，清改太和门）广场，气氛较午门广场大为缓和，它是从大明门起三个宫廷广场气氛层层加紧之后，转向全系列最大的高潮奉天殿广场之前的缓冲。奉天门广场呈横长矩形，其东西距离约为午门广场的两倍，而建筑体量不大，由地面至奉天门殿顶约高二十五米。有一条金水河自西向东流过广场的中部，向南弧曲呈弓形，上架五座石拱桥，也增加了不少活泼气息。

奉天殿（清改太和殿）广场与奉天门广场同宽，但进深较大，呈正方形，它是整个宫殿区乃至整个北京城的核心。大殿踞于八米多高的三层白石台基之上，宽大的台基向前凸出于广场中。为了保持院庭空间的完整，大殿前檐与院庭后界平，大殿本身已在院庭以外。奉天殿经多次重建，现存者系清康熙三十七年（1698）建成，仍保持了原建的规模和形象。殿身面阔九间，进深四间，带周围廊

太和殿

（左右廊在山面檐柱处有墙，后廊包在殿内），通面阔达六十米，面积达两千三百八十平方米，是中国现存最大殿堂之一。从广场地面至殿顶高约三十七米，单层，重檐庑殿顶。它的巨大体量以及与层台合成的金字塔式立体构图，使它显得异常庄重稳定，严肃和凛然不可侵犯，象征皇权的巩固。微微翘起的屋角和略微内凹的屋面也表现出沉实稳重的性格。大殿左右接建廊屋（清改为高墙）随台层层跌落，连接着台侧两座不大的门屋，它们与大殿形成“品”字形立面构图，是大殿的陪衬。院庭四面廊庑围合，左右廊庑正中分别

为体仁、弘义两座楼阁，形成院庭横轴。二楼稍北有通向东、西的左、右翼门。庭院南缘正中即奉天门，左、右又有较小二门，再远些的与东、西廊庑交接处有名为崇楼的角楼。整个广场约四万平方米。从大明门开始到奉天殿以至后廷，所有广场全用大砖和石铺砌，没有绿化处理，以显示严肃的基调。

但奉天殿广场显示的气氛与午门广场和承天门广场相比，在统一的严肃基调中又各有不同，它没有午门广场那么威猛森严，却比承天门广场更显得庄严隆重，其性格内涵更为深沉丰富，在庄重严肃之中蕴含着平和、宁静和壮阔。庄严显示了“礼”,“礼辨异”，强调区别君臣尊卑的等级秩序，渲染天子的权威；平和、宁静寓含着“乐”，“乐统同”，强调社会的统一协同，维系民心的和谐安定，也规范着天子应该躬自奉行的“爱人”之“仁”。所以，既不能一味地威猛，也不能过分地平和，而是二者的对立统一。在这里既要保持天子的尊严，又要体现天子的“宽仁厚泽”，还要通过壮阔和隆重来彰示皇帝统治下的这个伟大帝国的气概。艺术家通过这些本来毫无感情色彩的砖瓦木石和在本质上不具有指事状物功能的建筑及其组合，把如此复杂精微的思想意识，抽象地但却十分明确地宣示出来了，其艺术成就是中国艺术史的骄傲。像这样一种在封建社会中几乎已成为全民意识的群体心态，包含着深刻意义的一整套社会观念，也只有通过建筑这种抽象形式的艺术，才能充分地表现出来。

奉天殿后面是华盖殿（后改中极殿，清改中和殿）和谨身殿（后改建极殿，清改保和殿）。华盖殿平面方形，单檐攒尖顶；谨身殿平面横长方形，重檐歇山顶，二殿体量都比奉天殿小很多。此二殿与奉

穿过乾清门即进入后三院

天殿同在一座三层白石台基上。台基作“工”字形，为宋金元工字殿的遗意。工字台基前沿凸出广大月台，若依上南下北方位，则呈“土”字形。按中国金、木、水、火、土的五行观念，土居中央，最为尊贵。二殿所处院落与奉天殿院落同宽，但进深较浅，也有东西廊庑和东北、西北两座角楼，谨身殿左右还有两座门屋。它们是奉天殿广场的陪衬，由此转入后寝。

后寝以横向的乾清门广场为前导，本身却是一座纵长庭院，内部又分为前、中、后三院。前院最大，主体建筑为乾清宫大殿。中院较小，主体建筑是坤宁宫，以后又在乾清宫、坤宁宫之间加建一座平面方形的交泰殿，三殿共同坐落在一个一层高的“工”字形石台基上，由乾清门到乾清宫有高出地面的石砌甬道。后院最小，方向横长，是进入御花园的通道。后寝的建筑和院落都比前朝小得多，但平面规制和建筑形象与前朝相似，仿佛是交响乐曲主题的再现，以此与前朝相呼应。在礼制上，后寝是皇帝和皇后居住的地方。所以，相对于前朝而称为后寝。后寝已开始少量绿化。

御花园在紫禁城中轴线北端，面阔与后寝相同，进深更小，虽名为花园，但所有建筑、道路、小池甚至花坛和栽植，都是按照规整对称的格局规划的，只有些局部的变化。因为是在格局严整的皇宫里面的花园，又位于中轴线上，必须服从全局格调的完整，所以与中国园林特别强调的自由格局很不相同。但其中古木参天，浓荫匝地，花香袭人，波底藏鱼，毕竟还是很富于生活情趣的地方。

（3）系列的收束，景山。

御花园以北，通过一个小广场就到了高大的神武门（明玄武门）。

出门过了护城河，面对着的是景山。景山沿山脊布列五亭，五亭东西距约 320 米，中心方亭顶尖距地面高约 60 米。景山的堆筑对于全序列有重大作用，是明代宫殿建筑的一个成功创造。首先，对于紫禁城来说，沿轴线而来的汹汹气势需要一个有力的结束，它的体量不能过小，但又不能是一个太大的建筑，以免夺去宫内建筑的声势，堆筑起颇大的景山而在山顶建造不大的亭子，不失为非常巧妙的处理。其次，整座宫城也需要一座屏障作为背景，以丰富宫城中能看到的天际线和天际色彩，提示宫城的规模，也是宫城与宫城以外大环境的一种联系，诚如清代乾隆皇帝所说："宫殿屏依，则曰景山。"

景山五亭的处理也颇堪品味，正中万春亭最大，方形三重檐，绿

景山全景

边黄琉璃瓦顶；两旁二亭较小，八角重檐，黄边绿琉璃瓦顶；最外二亭最小，圆形重檐，蓝琉璃瓦顶。它们在体量、体形和色彩上都呈现了富有韵律的变化。方形、黄色，较为严肃，与宫殿的气氛，宫殿中绝大多数建筑所采用的矩形、方形平面以及普遍使用的黄琉璃瓦屋顶更易协调，所以用在从宫中经常可以看见的中央大亭上。圆形、绿色、蓝色，较为灵巧，与紫禁城外的广大内苑更易融合，所以用在外侧的小亭上。二者之间又有联系和过渡，其巧思精微，俱见匠心。

人们常说"建筑是凝固的音乐"。如果以音乐相比，那么全部中轴线的三段就好像是交响乐的三个乐章，第一段好比序曲，紫禁城是全曲的高潮，相距很近的钟鼓二楼是全曲结尾的两个有力的和弦。全曲结束以后，似乎仍意犹未尽，最后再通过德胜、安定二门的城楼，将气势发散到遥远的天际，那两座城楼如同悠远的回声。在这首乐曲的主旋律周围，高大的城墙、巍峨的城楼、严整的街道和城市周围的几个建筑重点，都是它的和声。整座北京城就是这样高度有机地结合起来的，有着音乐般的和谐、史诗般的壮阔和数学般的严密，是可以与世界上任何建筑上的名篇巨制媲美的艺术珍品。

北京城的艺术构思还体现了中国人特别擅长的色彩处理能力。中轴线上的高潮区域紫禁城广泛使用华贵的金黄色琉璃瓦，在沉实的暗红墙面和纯净的白色石栏的衬托下闪闪发亮。散布在四外的坛庙的色彩与宫城基本一致，遥相呼应，而城楼和大片民居则都是灰瓦灰墙。它们又都掩映在绿树之中，呈现着图案般的美丽。

英国科技史学家李约瑟曾在《中国科学技术史》一书中这样赞赏北京城的美：

中国的观念是十分深远的、极为广阔的。因为在一个构图中有数以千万计的建筑物，而宫殿本身只不过是整个城市，连同它的城墙、街道等更大的有机体的一个部分而已……这种建筑，这种伟大的总体布局，早已达到了它的最高水平。它将深沉的对大自然的谦恭情怀，与崇高的诗意组合起来，形成任何文化都未能超越的有机图案。

美国规划大师E.N.培根在他所著的《城市的设计》中说：在地球表面上，人类最伟大的建筑工程可能就是北京城了。这个中国城市是作为封建帝王的住所而设计的。它企图表示出这里乃是宇宙中心，整个城市默默地沉浸在礼仪规范和宗教的意识形态之中。当然，这些都和我们今天无关了。虽然如此，它的平面设计是如此的杰出，这就为今天的城市提供了丰富的思想源泉。

读了李约瑟与培根关于北京城建筑艺术这些经典性的论述，当游人漫步正阳门、天安门广场，进而往北行步入紫禁城宫苑之内，眼前之所观，心中之所想，我们会对这些经典论述产生强烈的共鸣。

我们可以这样说，北京老城的中轴线是我国古代都城规划建设、建筑形制、空间处理，乃至建筑艺术的最高成就。若论艺术构图的完美，则紫禁城可以说是中国宫殿建筑的规划设计、建筑艺术的总结和最高水平的代表。就是位居北京中轴线北端的钟鼓楼，也是独立通衢，暮鼓晨钟，遍城耳闻。正是这些傲然耸踞、孑然独立的各类形象建筑，在鳞次栉比的万千民居组群中，有节有序地突出了城市的重点和中心，组织了优美的天际线（建筑物的轮廓线），展现了北京老城的独特风貌和它的整体之美。

钟鼓楼

北京中轴线的基点
——万宁桥

“万宁桥是北京中轴线的基点”的论说是由著名的历史地理学家、北京大学教授侯仁之先生提出来的。1998 年 4 月 28 日下午，他应邀为中共北京市委中心组进行的第六次学习做报告。他说，大都城规划的起点，严格地讲就是海子桥（即万宁桥），因为它紧贴着湖泊东岸，是元大都城规划建设中轴线的基点，也就是靠它决定全城中轴线的，即以海子桥为基点向南延伸至元大都城的正南门（丽正门）、向北延伸至中心阁。元代象征帝国政权的重要建筑群“大内”即建于该中轴线之上。而明清北京中轴线正是在元大都城这条规划建设中轴线的基础上逐步发展、展拓延长而来的。

元大都城规划建设中轴线的北端设置中心阁，乃是刘秉忠的创意。早在蒙古蒙哥汗六年（1256）忽必烈就曾命其在今内蒙古正蓝旗东北二十千米处营建开平府。即帝位之后于蒙古中统四年（1263）升为上都，并于蒙古至元三年（1266）在上都中轴线的北端建造了一座大安阁。这座大安阁规模宏大，面阔九间（约六十米），进深五间（约三十八米）。它既是上都城中轴线北端的标志性建筑，也是一座皇家礼制祭祀建筑。这与在元大都城中轴线北端设中心阁，真是如出一辙。元成宗大德九年（1305）以中心阁为主体，兴建了大天寿万宁寺。据说“中塑秘密佛像，其形丑怪”，成宗帝皇后布乐罕见此十分不快，传旨将它的头部用手帕蒙盖起来。不久，又下令把它毁坏了。元泰定四年（1327）在其间修筑了供奉成宗的神御殿，称万寿殿。由此大天寿万宁寺也就成了皇家祭祀成宗的场所。

海子桥在大天寿万宁寺正南，自然也就称万宁桥。

万宁桥

元大都城建成之后，为解决漕粮的运输问题，在郭守敬的主持下，于元至元二十九年（1292）开始，引昌平的白浮之水修筑白浮堰，开凿通惠河，并在海子东侧最远端的出水口修筑海子桥。初为木通，后改为单孔石桥，桥西即为澄清闸。因之，万宁桥也见证了北京漕运和城市水系变迁，具有重要历史文化价值。

明永乐初年，成祖朱棣决定迁都北京，并在元大都的基础上修建明北京城。宣德年间又将海子桥以东向南流的一段故道，包入皇城之内。从此之后，京杭大运河北段——通惠河上的船只，再也无法进入积水潭中。再以后，随着年深日久，白浮堰日渐毁损，加之水源断流，积水潭也逐渐淤积，水面日见变小，终于形成了后来的什刹海（前海、后海、西海）。

明皇城的北门称北安门，海子桥改称北安桥。到了清代，北安门改称地安门，海子桥也就叫地安桥；再后来，地安门俗称“后门”，地安桥也相应地称为“后门桥”了。1984年后门桥被公布为市级文物保护单位。

但是，由于历史的原因，后门桥逐渐从人们的记忆中褪色了，桥东的河道淤塞了，桥身下半部已埋入地下；仅露出地面的石栏板也因年久失修，毁坏严重。更加刺目的是，桥西侧横亘在古桥上的大广告牌，竟然成了一种“遮丑”的设置。行人至此，怎么也想象不出这里曾是北京这座历史文化名城最初规划设计的基点，且是一座拥有七百多年历史的古桥。

也就是在1998年4月的那次报告会上，年近九旬的侯仁之先生提出了“整治后门桥，恢复历史原有风貌”的建议。

北京市委、市政府根据侯仁之先生的建议，将其作为年度重点工程项目，由市文物局、市水利局和市政工程局三方共同协办完成。

2000 年 12 月 20 日，是后门桥整修工程竣工的日子。经过两年多修缮的后门桥，告别了破旧不堪的旧日面貌，迎来了第一个参观嘉宾——坐着轮椅来的侯仁之先生。老人家感慨万端，他说："这座石桥原名海子桥。七百多年前，早期的北京城从原来的莲花池畔转移到现在的什刹海畔，海子桥就是全城规划建设的新起点。北京城中轴线也是从这里开始向南、向北延展的。我建议将习惯称呼的后门桥改回原来的名称——万宁桥，希望子孙后代万世安宁。"

不仅如此，就在整修后门桥期间，有关部门还在其西侧、什刹海前海的东岸修起了一座三孔汉白玉石桥。这座石桥的修筑既方便了游赏什刹海风光的游人，也减轻了绕行后门桥带来的诸多不便。侯仁之先生还应邀为新桥命名——金锭桥。这个名字既传承什刹海地区的文脉，与号称为"银锭观山"的古桥银锭桥相对应，又与时俱进，赋予了新意。

令人高兴的是，在这次对后门桥进行整修的过程中还挖出了被埋多年的镇水兽，共六组十只，均为元明两代的遗存。

传说，龙生九子各有所长。其中的"趴蝮"（也有人称"叭嗄"）因善水性，人们便用来作镇水兽。我们平日所看见的"趴蝮"，或见于故宫大殿的汉白玉基座上，如三大殿基座周边的排水口；或见于古石桥涵洞拱券的顶部出一头望着桥下的流水，却很少能见到它全身的模样。而后门桥的镇水兽，可就能让人看到它全身的模样了。

你看，桥西侧的中孔拱券顶部各有一个仅伸着头的为两组；东西

万宁桥镇水兽

两侧、南北河沿上各有一组，每组两只。再仔细看，河沿各组的镇水兽又分三个层次：最下一层的是一只从浪花中探出头来往侧上方看的；中间一层的仅有一颗龙珠跃于水面之上；最上一层的是一只完整的龙形“趴蝮”。它从浪花中与下层的“趴蝮”相对视，雕刻精美，动感十足，又显得憨态可掬，十分生动活泼。这三组“趴蝮”构成了一幅“二龙戏珠图”，充分体现了我国古代匠师高超的雕刻艺术。

有人还认为，这三组不同高度的“趴蝮”雕刻，实际上是人们观测水位的标志。若真是如此，我们真的要为我们祖先，送上一个大大的赞美！

《北京城市总体规划》与老城保护

城市规划是一座城市未来发展的蓝图。

新中国成立后就着手研究、编制首都北京的城市总体规划，并曾先后多次向党中央、国务院汇报。以后随着政治形势、经济背景的变化又曾做过多次调整、修订。2017 年 9 月 29 日发布的新版《北京城市总体规划（2016 年—2035 年）》是 1949 年来第七次编制“总规”。

城市总体规划方案的酝酿和形成。

1949 年 1 月 31 日，北平和平解放。解放不久，人民政府就提出了“服务于人民大众，服务于生产，服务于中央人民政府”的北京城市建设方针。1949 年 5 月，成立了都市计划委员会。同年 9 月，邀请了有关方面专家共同研究北京的城市规划与建设问题。

1953 年国家进入有计划建设时期，北京开始了大规模的城市建设。为此，人民政府加快了编制北京城市建设总体规划方案的步伐。

1953 年春，都市计划委员会提出了甲、乙两个城市建设总体规划方案。同年夏季，市委规划小组在甲、乙两个方案的基础上，提出了《改建与扩建北京市规划草案的要点》。该文件综合了 1949 年以来对北京城市规划的各种看法，规定了首都建设总方针是“为生产服务，为中央服务，归根到底是为劳动人民服务”。同时，提出了 6 条指导原则，并于 1954 年 10 月 26 日上报中央。

1955 年 4 月北京市委成立了专家工作室，也称“都市规划委员会”，在苏联专家指导下进行工作。1957 年正式提出《北京城市建设总体规划初步方案》。这个方案与 1954 年的修改方案基本上是一致的，但内容更丰富、更具体。

1954 年和 1957 年的这两个城市建设总体规划方案，是北京总体规划逐步趋于完善的两个方案。北京的城市建设就是在这两个总体规划指导下进行的。

1958 年，在新的形势下，对上报中央的北京城市建设总体规划初步方案做了重大修改。一是把地区规划的范围从 8860 平方千米，扩大到 16800 平方千米；二是提出“分散集团式”的布局方案；三是扩大绿化用地，提出大地园林化、城市园林化的口号，要求绿化面积在旧城区占 40%，在市区占 60%。中央书记处在听取了汇报之后，原则上加以肯定。

1958—1960 年是北京城市建设的重要阶段，著名的“国庆十大工程”便是在这时完成的。

但是，“文化大革命”期间，“北京城市总体规划”在 1967 年 1 月被停止执行。直至 1980 年 4 月，中共中央书记处在听取了关于首都

国家博物馆与人民大会堂即属“国庆十大工程”

建设方针问题的汇报之后，做出了“关于首都建设方针的重要指示”（即“四项指示”），为首都建设明确了方向。

1982年，北京市规划部门在对各项专业规划进行综合及反复讨论修改的基础上，编制完成《北京城市建设总体规划方案》。这是一个拨乱反正、继往开来的规划方案。其基本点是：第一，在城市性质上明确了北京是全国的政治中心和文化中心，强调经济发展要适应和服从城市性质的要求。第二，提出严格控制人口规模的目标，20年内市总人口规模控制在1000万人左右，市区人口规模控制在400万人左右。第三，提出了“旧城逐步改建，近郊调整配套，远郊积极发展”的建设方针。第四，在总体规划中突出了环境保护的思想，明确了提高环境质量的目标。第五，把保护文物、古迹和改建旧城作为一项重要内容列入总体规划。确定了北京作为历史文化名城的重要地位，对保留继承和发扬古都风貌提出了更高的要求。不但要保护古建筑本身，还要保护古建筑的环境，保留北京的特色。第六，明确提出将居住区作为组织居民生活的基本单位，以便更好安排各项设施，方便群众生活。第七，强调城市基础设施不仅要还账，而且要先行。第八，提出了实施规划的五条措施。

1983年7月，中共中央、国务院原则批准了《北京城市建设总体规划方案》，并做了极其重要的“十条批复”。与此同时，中共中央、国务院还做出了成立“首都规划建设委员会”的决定。从此，北京的城市规划和城市建设工作进入了一个新的阶段。

20世纪90年代初，根据深化改革、扩大开放及发展社会主义市场经济新形势的需要，在首都规划建设委员会和市政府的领导下，由北京市城市规划设计研究院具体组织，开展了城市总体规划的编制工作。在大量调查研究和编制专业规划的基础上，经过反复研究，论证修改，于 1992 年底完成了《北京城市总体规划（1991 年—2010 年）》的编制。

为了完成《北京城市总体规划（1991 年—2010 年）》提出的“对历史文化名城保护要形成完整的保护体系”的目标，自 1998 年以来，北京市先后编制并完成了圆明园地区综合整治规划，市区历史水系保护规划，旧城历史文化保护和控制范围规划，划定 25 片历史文化保护区四至范围，占地约 960 公顷；明确了保护与建设控制要求，为进一步深入研究具体保护措施提供了依据。

北京旧城传统中轴线跨越整个旧城区，因此，边缘地区同中心地段的风格应有所区别，但在视觉上要有一定的连续性。对于景观走廊，应按照有关的控制规划予以保护，对走廊内及相关范围的建筑高度加以严格控制，保证其通畅、完整。

（1）主要街道。在北京旧城中，平安大街和朝阜大街是两条古迹众多的街道。

平安大街沿街的“点”和“面”，有郭沫若故居、恭王府花园、段祺瑞执政府旧址、西四北头条至八条、地安门西大街、什刹海、景山后街、南锣鼓巷、东四北三条至八条等。平安大街的规划道路红线为 70 米，目前虽保护了绝大部分文物，但这只是解决旧城区城市交通问题与文物保护问题的过渡性方案。一些文物保护单位的保护范围及建设控制地带位于 70 米规划道路红线以内，将来按规划的 70 米道路红线实施时，这一批文物建筑仍将面临问题。沿街的一些新建筑因使用了玻璃幕墙等新型建材，与传统风貌很不协调。街道的空间尺度同沿街建筑高度的比例关系也不协调，某些地段的建筑突破地区限高，影响了街景的整体协调性。

朝阜大街沿街的“点”和“面”，有阜内大街、鲁迅故居、妙应寺白塔、历代帝王庙、广济寺、西四北头条至八条、文津街、北海、团城、大高玄殿、中南海、景山西街、北长街、陟山门、景山前街、北池子、景山东街、五四大街及东四北三条至八条等。这条街的文物保护情况较好，但交通拥堵，沿街商店的立面形式与传统风貌不够协调。某些街段的建筑突破了地区限高，影响了街景的整体协调性，且街两侧平房区的房屋质量较差。

妙应寺白塔

（2）中轴线。目前正阳门、箭楼、钟楼、鼓楼的保存状况基本良好，仍能体现明清时期的风貌。

（3）景观视廊。景观视廊是指连接旧城区内古建筑制高点的视线走廊。它们将城市的各个分散、独立的景点连接成相互联系、相互渗透的网络，保持了传统城市的特色和景观。

北京旧城内的景观视廊主要包括：传统中轴线、“银锭观山”、鼓楼至德胜门、鼓楼至景山、鼓楼至北海白塔、天坛祈年殿至前门箭楼等。就现状而论，因某些建筑突破限高，“银锭观山”受到一定程度的影响。其他视廊保存状况尚属良好。

总之，核心保护区要以保护为主，以环境整治、基础建设的改善为重点，充分体现出历史文化名城的传统风貌。核心保护区保存有较多的历史原物，可以反映出传统地方民俗、民风及传统的城市生活，它是体现历史文脉最突出的地区，外围区则以城市基础设施的建设和一定规模的危旧房改造为主，要处理好与相邻文物及历史文化保护区的关系。在城市风貌上，既要体现时代特色，又要考虑与传统风貌的结合。建设控制区介于两者之间，重点在于处理好现代建筑与传统建筑的关系，与核心保护区及外围区之间的过渡。

北京旧城规划建设最突出的特征是其具有整体性的城市设计理念。北京城作为一个面积极大的单体，其建筑计划延展得如此广阔而深远；其间的建筑群完全是在极有组织、层次分明的控制下，构成的一个无法分割的整体。它从皇宫（紫禁城）至皇城，又从皇城到都城，这一层层通过极具形象的构筑物——城墙向外延展的整体观念，并由城市中轴线上突出的中心建筑群、方城十字街，以及建设位于其

古今交融的北京

间的数以千计的四合院构成了一个井然有序、互相承应，又交相辉映的平面格局。它有完整的城市历史文化环境，悠久的历史文化内涵，具有整体关联的人文故事，即使是残碑断碣也无不记录了丰富的历史信息。

我们的先人曾经以他们卓越的智慧和辛勤的劳动，为我们创造了举世公认的奇迹。然而，更新的奇迹——既要整体保护北京旧城，为后代留下一份弥足珍贵的历史文化遗产，又要建设现代化国际大都市，还需要我们这一代，乃至下几代人的努力。

自 2005 年国务院批复《北京城市总体规划（2004 年—2020 年）》以来，在指导城市建设发展方面发挥了重要作用，北京已经步入现代

化国际大都市行列。但如何从城市总体规划的战略高度、全局性角度，寻求解决的综合方略？其间，最为重要的是，党的十八大以来，习近平总书记曾两次视察北京，并发表了重要讲话，为北京做好新时期首都工作指明了方向。为全面贯彻落实习总书记视察北京重要讲话精神，系统谋划和系统回答新时期“建设一个什么样的首都，怎样建设首都”这一重要课题，有关部门便启动了新一版《北京城市总体规划》的编制工作。这也是自 1949 年以来北京第七次编制“总规”。

此次“总规”编制的最大特点，就是坚持以习近平总书记重要思想为根本遵循，落地落细形成生动实践。

新版总体规划通篇贯穿了疏解非首都功能，这个关键环节和重中之重，提出了“一核一主一副、两轴多点一区”的城市空间结构，明确了核心区功能重组、中心城区疏解提升、北京城市副中心和河北雄安新区，形成北京新的两翼、平原地区疏解承接、新城多点支撑、山区生态涵养的规划任务。

新版总体规划高度重视历史文化名城保护，以更开阔的视角不断挖掘历史文化内涵，拓展和丰富保护内容，建立了四个层次、两大重点区、三条文化带、九个方面的历史文化名城保护体系。

“北京老城不能再拆了”“应保的要尽保”“丰富的历史文化遗产是北京的金名片”。只有留得住历史，才能更好地迎接未来，只有延续了文脉，才能承载得住乡愁，凸显北京历史文化的整体价值。因此，北京将更加重视老城的整体保护与复兴，通过保护传统中轴线、保护明清皇城、保护原有的街巷胡同格局、恢复历史河湖水系、严格建筑高度管控、保护重要景观视廊和街道对景、保护老城传统建筑色彩和形态特征等，使老城的整体格局、传统风貌更加清晰。以历史文化街区为依托，打造文化魅力场所、文化精品路线、文化精华地区相结合的文化景观网络，将老城建设成为承载中华优秀传统文化的代表地区。

中共中央、国务院已批复了这个总体规划。它标志着新一版的《北京城市总体规划（2016年—2035年）》，已经成为首都发展的法定蓝图。

2020年8月21日，中共中央、国务院批复了《首都功能核心区控制性详细规划（街区层面）（2018年—2036年）》。这是新中国成立以来首个“首都功能核心区”的控制性详细规划。这个规划以习近平新时代中国特色社会主义思想为指导，深入贯彻习近平总书记对北京重要讲话精神，牢牢把握住核心区战略定位，突出政治中心、突出人民群众，注重中央政务功能保障、注重疏解减量提质、注重老城整体保护、注重街区保护更新、注重民生改善、注重城市安全，符合党中央、国务院批复的《北京城市总体规划（2016年—2035年）》对首都规划建设具有重要意义。

批复指出，核心区是全国政治中心、文化中心和国际交往中心的核心承载区，是历史文化名城保护的重点地区，是展示国家首都的形象的重点地区。要深刻把握“都”与“城”、保护与利用、减量与提质的关系，把服务保障中央政务和治理“大城市病”结合起来，推动政务功能与城市功能有机融合，老城整体保护与有机更新相互促进，建设政务环境优良、文化魅力彰显、人居环境一流的首善之区。

对于北京老城的整体保护，批复指出“北京老城是中华文明源远流长的伟大见证，具有无与伦比的历史、文化和社会价值，是北京建设世界文化名城、全国文化中心最重要的载体和根基，严格落实老城不能再拆的要求，坚持‘保’字当头，精心保护好这张中华文明的金名片”。加强老城空间格局保护，保护好两轴与四重城郭、棋盘路网与六海八水的空间格局，彰显独一无二的壮美空间秩序。以高水平的城市设计强化老城历史格局与传统风貌，形成传承蕴含深厚历史文化内涵、庄重典雅的空间意象。扩大历史文化街区保护范围，保护好胡同、四合院、名人故居、老字号，保留历史肌理。以中轴线申遗保护为抓手，带动重点文物腾退，强化文物保护及周边环境整治。涉及的中央党政机关及部队驻京单位要带头支持、统筹做好文物保护、腾退开放和综合利用，做到不求所有、但求所保，向社会开放。

北京老城之美

“北京老城不能再拆了！”这是一个振聋发聩的声音。“北京老城”自然是指明清两代留给我们的北京城。

在世界城市发展史上，中国的城市规划设计和建设占有十分重要的地位。我国古代所形成的城市规划理论及其在实践中所取得的巨大成就，也早已引起了现代城市规划师们的高度重视和评价。

明清北京城，作为中国封建社会制度的终结，集中体现了我国古代在都城规划建设上的理论、方法、技术、艺术。它是我国古代劳动人民和规划匠师们智慧的结晶。而古都北京城的核心，则是中国至今保留下来的、规模最大的古建筑群。这是一个世界上无与伦比的大建筑群。

明清北京城在城市规划设计上的成就，就在于它依据我国古代都城规划的理论和方法，以非凡的建筑艺术手法，来集中体现封建帝王“普天之下，唯我独尊”的主题思想，并通过“城墙”这样一种建筑形式，从皇宫到皇城，又从皇城到都城，一系列层层逐次向外延展的整体，组成了一个互相呼应、互相辉映的城市格局。就整体而言，北京城是一个保留中国古代规制，具有都城规划传统的完整的艺术实物。

高耸壮美的城墙城门

城墙，是人类文明发展到一个重要阶段的产物和象征，也是冷兵器时代规模最大、最有效的防御体系。而在中国，城市的出现是以城墙的建造为标志的，它经历了数千年的演进。高耸而壮美的明清北京城墙、城门，既是古都北京历史上最高大雄伟、最坚固完美的军事防御体系，也是其最鲜明生动而又独具特色的形象标志。

在中国古代建筑城池的观念中，城墙既是统治者护卫自己政权主要的军事防御设施，也是统治者中心形象的扩大。在城市设计中，建城又等于规划设计一座庞大的建筑物。因此，作为国都的城墙，始终是都邑规划和建筑形制不可或缺的组成部分。换言之，北京城从它的产生、演变，乃至其平面构成出现“凸”字形的格局，都具有历史意义。北京城墙，以及宏丽嶙峋的城门楼、箭楼、角楼等，也构成了整个北京城整体环境中不可分割的艺术构成部分。而对北京城的认识也往往是从城墙、城门伊始的。让我们再来看看瑞典的美术史家喜仁龙是怎样来认识北京城的。他在 1924 年所写的《北京的城墙和城门》一书中说道：

阜成门箭楼侧影

纵观北京城内规模巨大的建筑，无一比得上内城城墙那样雄伟壮观。初看起来，它们也许不像宫殿、寺庙和店铺、牌楼那样赏心悦目，当你渐渐熟悉这座大城以后，就会觉得，这些城墙是动人心魄的古迹——幅员广阔、沉稳雄劲，有一种高屋建瓴，睥睨四邻的气派。它那分外古朴和绵延不绝的外观，粗看可能使游人感到单调、乏味，但仔细观察后就会发现，这些城墙无论是在建筑用材，还是营造工艺方面都富于变化，具有历史文献般的价值。城墙单调的灰色表面，由于年深日久而受到剥蚀，故历经修葺。不过，整个城墙仍然保持着统一的风格。城墙每隔一定距离，便筑有大小不尽相等的坚固墩台，从而使城墙外表的变化节奏变得鲜明……这种缓慢的节奏在接近城门时突然加快，并在城门处达到顶峰：但见双重城楼昂然耸立于绵延的垛墙之上，其中较大的城楼像一座筑于高大城台上的殿阁。城堡般的巨大角楼，成为全部城墙建筑系列巍峨壮观的终点。

不仅如此，由皇城、内城、外城，这层层拱卫着的紫禁城是与“天中”北辰紫微垣相对应的“地中”——天下的中心，作为“天子”的皇帝理所当然地统治天下。太和殿里的一副楹联说得好：“龙德正中天，四海雍熙符广运；凤城回北斗，万邦和谐颂平章。”大意是说：只要君王树立博大的道德，又能保持中正，就会像北辰那样处于天的中心，为天下所拥戴，四海才会同披圣德的光明；只有确立京城是宇下的中心，就像北辰那样带动天的运转，为万邦所拱仰，天下才会彰显清明。

如今，在正阳门我们还看得到巍峨的箭楼与城楼，在德胜门也看

故宫角楼

得到保存下来的箭楼，永定门的城楼也得以修复，这些都可以使我们领略到老城城门的壮观。

如今耸立在北京内城东南角、平面呈曲尺形的东南角楼，不仅是内外城仅剩的一座角楼，而且已经成为北京城的重要标志。每当列车由东而西徐徐地驶近北京站时，首先映入眼帘的便是那高大而雄伟的角楼。人们也自然而然地会联想到："北京到了！"

每当夜幕降临的时候，北京城墙、城门所形成的建筑轮廓线，在如水月光、满天星斗的映衬下，便形成了一幅壮美异常的剪影。这就是建筑学上所谓的"天际线"。诚然，今天我们已无法看到古都北京城完整的"天际线"了，但是，我们却可以从前门保留的箭楼、正阳门城楼、内城东南角楼及其往西延伸的一段残城墙，以及北城的德胜门城楼等，约略领悟到北京城墙、城门所构成的"天际线"的风姿。

井然有序的平面布局

城市，不论哪一个时代，都主要是为当时的社会制度服务的，并体现出那一个时代的社会精神。而所有的城市规划理论，乃至城市规划的方法、技术和艺术，亦无一不是在这个大前提下产生的。作为封建社会政治中心的都城，尤其如此。

平面布局就是城市的总体结构的不同分区，即各个不同职能区之间的比例大小、占地多少，也就是一个城市的平面形态。所以说，城市的平面布局是城市的整体形象。

李泽厚在《美的历程》中说："中国建筑最大限度地利用了木结构的可能和特点，一开始就不是以单一的独立个别建筑物为目标，而是以空间规模巨大、平面铺开、相互连接和配合的群体建筑为特征的。它重视的是各个建筑物之间的平面整体的有机安排。"

作为都城，其平面的布局程序和安排，是中国古典建筑设计艺术的灵魂。由于它们控制了人在建筑群中运动时所得到的感受，所以其景象的大小、强弱、次序的安排，也就成了表达完美意念的重要手段。

恢宏的紫禁城

从明清北京城的平面来看，它是由外城包着内城的南面（原为“四周之制”，因当时财力拮据，只修了城南一面），内城包着皇城，皇城又包着紫禁城即宫城，形成多重同心的方城。从外城到宫城，其周围又绕以既宽且深的护城河。这样皇帝居住的宫城便成了全城的中心，处在层层的拱卫之中。在城的四周又筑以天、地、日、月坛，宫城便俨然是“宇庙中心”了。而从整个画面来看，宏伟高大又金碧辉煌的宫殿建筑，在数以千万计、布置有序，又掩映于绿荫底下呈灰色的四合院，还有散落在全城不同部位的王府、寺、观、坛、庙的烘托下，就更显得恢宏壮丽了。

以皇宫为中心来展示都城的各种建筑物，并以超人的技艺来集中表现出皇宫的显著位置，这不仅是中国古典建筑的最大特色，也是北京城的最大特色。而它所达到的宽广和深远的程度，组织的复杂和严谨，是世界上迄今为止，没有哪一类建筑物可以与之相媲美的。至于相同时代的同类建筑，论气魄和规模，相较之下都大为逊色。这正如《中国科学技术史》的作者李约瑟所说：“中国的观念是十分深远的、极为广阔的。因为在一个构图中有数以千万计的建筑物，而宫殿本身只不过是整个城市，连同它的城墙、街道等更大的有机体的一个部分而已……这种建筑，这种伟大的总体布局，早已达到了它的最高水平。”

不仅如此，对称均衡的平面布局会给人以端庄、严正的整体统一感。而北京老城中数以万计的建筑物，正是采用对称均衡的构图手法来谋求整体上的庄重雄伟的气势。而这种均衡的平面布局又是以一个明确的重心中轴线为基准，其两侧或前后保持着稳重相等而对称的。

其实，在建筑布局上追求均衡与稳定，早已是源远流长的规律了。

北京老城中紫禁城中心的太和殿，之所以显得高峻雄伟，具有一种压倒的气势，固然是由于其本身的绝对体量和三层汉白玉台栏的衬托，但从太和门远望它的正立面、两侧横向隔墙线上那两座“中左门”和“中右门”，在轮廓线上也对太和殿的高大雄伟起了烘托、对比的作用，即用同样的大小对比，更能突出主体的形象效果。

气势如虹的南北中轴线

“主座朝南，左右对称”，是中国古代传统的住宅建筑平面构图的准则。这是因为我国处在北半球的地理位置，背风向阳、朝南的房屋是最理想的。考古发掘证明，早在三千多年前，夏代的宫殿建筑就已是“坐北面南”的了。《周礼·天官》规定：“惟王建国，辨方正位，面南为尊。”建筑物的对称布设和中轴线，实际是同一设计思想所产生的两种表现形式。因为，中轴线虽然是建筑物对称布局的依据，而对称的布局反过来又自然会产生强烈的中轴。

我们从前面的叙述中可以看到，整个北京城的布局，是围绕着皇宫这个中心而展开的，而贯通这个布局的便是一条南起永定门，往北经前门、天安门、午门、故宫，出神武门、地安门，北至钟楼的长达7.8千米的中轴线。北京城左右对称、前后起伏的体形和空间的分配，都是以这条中轴线为依据的，其所特有的壮美的秩序，也是由这条中轴线的存在而产生的。可以说，这是当今世界上最长、最伟大、最壮丽的城市中轴线。

徐扬《京师生春诗意图》（清）

布局中的程序是中国建筑设计艺术的灵魂，是建筑群的布局精神和设计意念的主要体现者。试看，从外城南端的永定门起北行，在中轴线的左右是天坛和山川坛（后改称先农坛）两个约略对称的建筑群；然后进入正阳门循御道北上，依次通过大明门（清改大清门）、承天门（清改天安门）、端门、午门、皇极门（清改太和门）抵达皇极殿（清改太和殿），出玄武门（清改神武门），再往北攀越景山中峰，最后止于鼓楼和钟楼，并将其平稳地分配给左右分立的两个北面城楼——安定门和德胜门。正是这条贯通北京城南北的中轴线将很多重重封闭、自成一组的基本平面组织串成一体，形成了一条统领一切的主轴，并通过它将整个城市不论从空间组织上，还是从体量的安排上都完全连贯起来，使整个北京城呈现出一种极为完整的节奏感，达到完美的艺术效果。

这是因为任何具有一定数量空间组成的建筑物都包含有一定的空间序列，规则的或不规则的，明的或暗的，或者有的强些，有的弱些。人们正是通过这一系列不同的空间序列，去认识建筑并感受其心理感应的。

建筑轴线本是一条看不见的虚线。正是这条看不见却能感受到的虚线，在建筑室内外的组合空间中引导着人们生活、交往，以及各种活动的进程顺序和方向。他们从一个空间通往另一个空间，走完这一空间序列的全程，也就获得了这一空间序列的总印象、总感受。

如果我们站在景山之巅的万春亭向南极目望去，中轴线上有规律的重复和有组织的变化的韵律感特别明显。统一中求变化，变化中求统一的那种追求形式美的规律表露尤为突出。

你看北京中轴线上的那些建筑由体形基本相似的房屋和大小不同的层层院落空间组合而成。由于建筑内部的功能不同，房屋的高低各异，大小不同；院落有长有宽，有封有敞，组成的空间自然也就有疏有密，有围有透。通过这些有规律、有目的的安排，整体空间组织便表现出一种交错起伏、参差跳动的韵律之美。人们行进其间所产生的心理感应，也就必然会随之起伏跳动，从而产生一种敬畏、崇高之感。而前来觐见皇上的官员，诚惶诚恐地经过中轴线上这一系列的不断感应之后，瘫倒在半道上也就不是什么罕有的事情了。

我们可以自豪地说，明清北京城的规划和中心建筑群的布局，不仅有其非常深厚的民族理念和文化渊源，而且也是中轴线运用的最高成就。

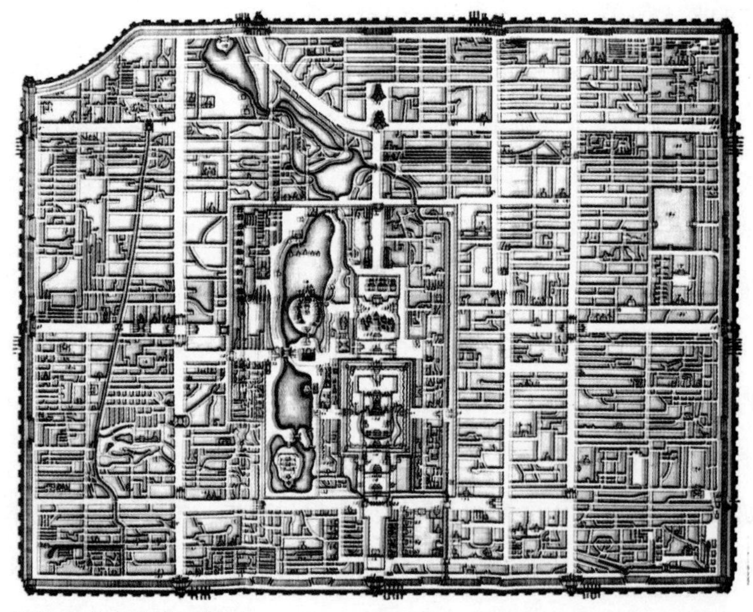

1765 年北京内城示意图

犹如棋盘的街巷布局

道路网是构成城市的“骨架”。它们的配置形式和图案决定了整个城市的整体布局。如前所述，我国古代王城采用的是经纬涂制道路网，即以“九经九纬”组成的三条大道为主干，配以与之平行的南北和东西的次干道，结合顺城的环路而构成。因此，“棋盘式”的城市道路网是都城传统的制式，也是北京城道路网的一大特色。

明北京城内城是在元大都的基础上发展起来的，今东西长安街以北的街道仍然沿用了元大都街道之旧，除局部地区因受自然条件的制约，或因历史原因而成斜街之外，仍然保持了“棋盘式”的街道格局。据史书记载和考古发掘证明，元大都城两个相对城门之间都有宽阔平直的大道互相连通。据《马可・波罗行纪》记载，元大都当时是“全城地面规划有如棋盘，其美善之极，未可言宣”。这些干道连同顺城街在内，全城共有南北、东西干道各九条。干道阔 24 步，小街阔 12 步，胡同阔 6 步。按一步为 1.55 米计，分别为 37.2 米、18.6 米、9.3 米。今东四以北的头条至十二条，西四以北的头条至八条，其街道、胡同的排列、宽窄与此是完全一致的。这也正说明了明北京城的建设不仅继承了中国古代都城规划的传统规制，而且还沿用了元大都的道路“制式”。

当然，由于外城是明嘉靖年间加筑的，其街道在事先并未做相应的规划，因而往往受河流或历史地理条件的影响，如外城中轴线东侧的长巷头条至四条的线形便受到三里河河畔（亦系古高梁河故道）的制约，而形成西北—东南的走向；中轴线西侧大栅栏西街至虎坊桥的斜街，即铁树斜街、杨梅竹斜街、樱桃斜街等，就是历史上元大都城（当时亦称北城）和金中都旧城（当时亦称南城）之间交通往来的遗迹。而明北京城的内城，特别是长安街以北的街巷，却仍然保留着“方城十字街”的规制。

形制规整的里坊、四合院

明北京城将全城分成三十六坊（内城二十八坊，外城八坊），分属东、西、南（外城）、北、中五城管辖，它完全继承了中国传统的城市组织精神，被一些人称为是“中国式城市真正性格所在”的坊里形制。

“坊”是城市居住区的基本单位。所谓“坊”和“里”，是被道路网分割出来的街区。明北京城的道路是“棋盘式”的，而且主干道大都等距，其所切割出来的街区大小面积也就基本相同。于是，在城市的土地使用上就以“里”或“坊”等作为基本单位，然后再根据实际的需要做适当的调配（合并或分割）。

汉长安城有闾里一百六十个，唐时改称为坊，每坊东南西北各广三百步，开十字街，四出趋门。坊还有坊墙、坊门。到了宋代，城坊之制被解体，坊墙被冲破，城市的建筑形式部分改为面向街道的沿街建筑，主要街道被改为商店街道。到了元朝规划大都时，遂将上述两种形制进行了综合。其胡同与胡同之间的距离为五十步，约合七十七米，相当于四合院的三进院子，背风向阳，出入方便，且与主干道的联系非常密切，既畅通无阻，又合乎实用。它也就成了元大都城市规划中最基本的单位。

人们基本摆脱穴居生活，而以木构架屋宇建筑作为民居，大概是

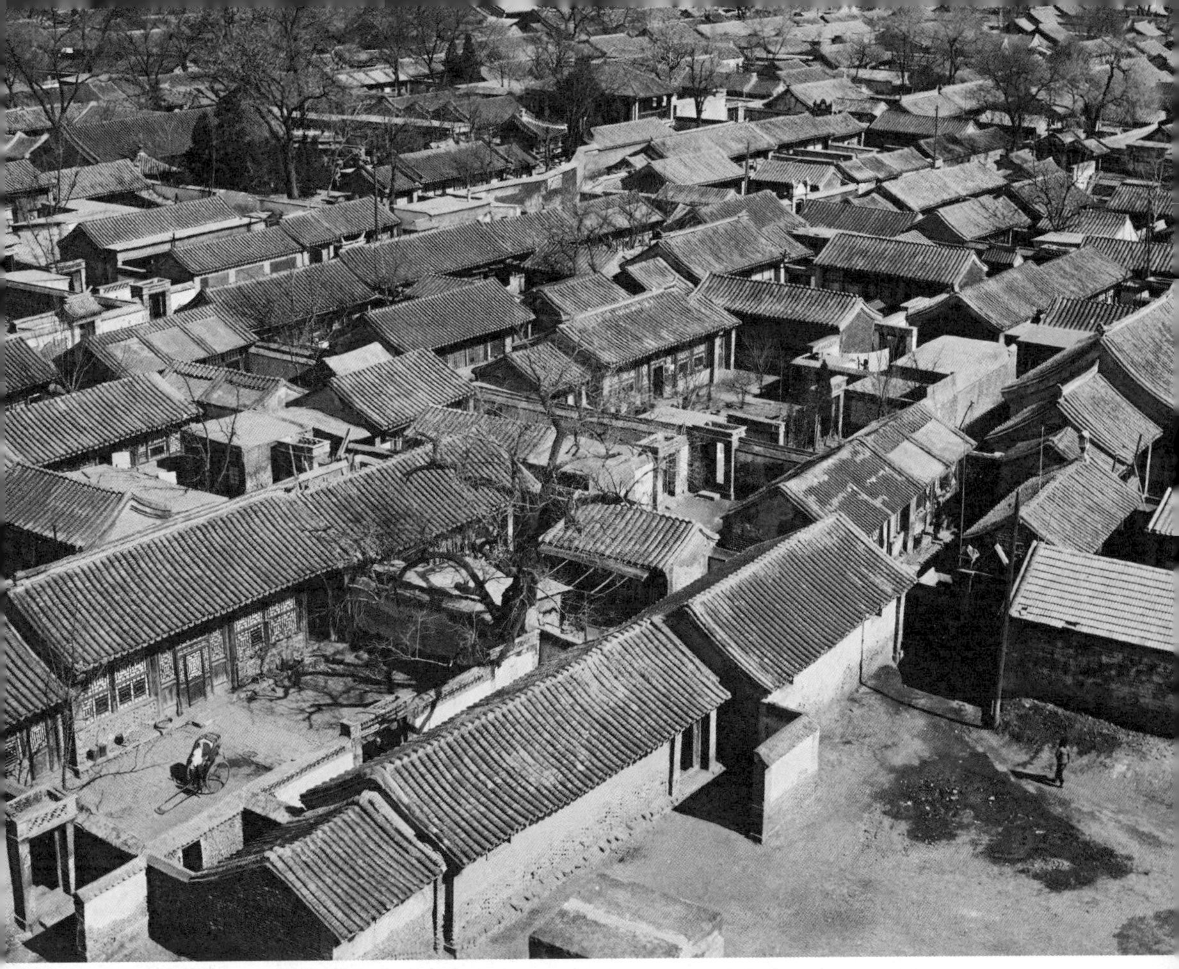

民国时期的北京四合院

在西周初期。在殷商时期虽然没有出现四合院形式的建筑，但其建筑结构中心的某些特征，却已经开始出现了。考古学界在对河南殷墟进行考古发掘的过程中，发现了几十座宫室墓址。这些墓址在整体布局上，已显示出了南北方向中轴线的作用。此后，因宗法与礼制的需要，以闭合对称形式，将主要建筑安排在中轴线上的布局，在民居建筑中日渐普遍。魏晋南北朝时期具有四合院特点的民居越来越多，而典型的四合院出现在隋唐时期。宋以后，四合院的地位越来越重要，特别是明清以来，已成为民居的主流。

四合院既是中国古代建筑中最具代表性的一种建筑形式，更是

四合院外景

古都北京的主要建筑形式。这类建筑大都采用均衡对称的方式，沿着纵轴线（南北向）和横轴线（东西向）进行设计。首先在纵轴线上安置主要建筑，并在院子左右两侧对称修建两座形体较小的建筑，然后再在主要建筑的对面建一座次要的建筑，构成正方形或长方形的庭院，这就是四合院。对称式的平面布局和封闭式的外观，是四合院的两个主要特征。这种格局很适合中国古代社会的宗法、礼教制度，也便于安排家庭成员的居所，形成舒适安宁的生活环境。此外，只要将庭院数量、形状、大小与木构架建筑的形体、样式、材料、装饰、色彩等略加改变，即可满足不同气候条件与功能的要求。因此，四合院被广泛地用于民居、宫殿、官署、寺庙等。

四合院是构成坊的“细胞”，是北京城最基本，也是分布最多的居住形式。其基本格局是由一座坐北朝南的正房和坐南朝北的南房，以及东、西厢房围合而成。它是一个南北稍长，呈矩形的封闭庭院。住宅的门一般都开在院子的东南角上。这种封闭性的院落既有背风向阳的特点，又具有很强的防卫性，而且以“北屋为尊，两厢为次，倒座为宾，杂室为附”，较能体现出“礼制”长幼有序，主客分明的精神。四合院中比较高大而舒适的北房，总是由家长居住；厢房分住晚辈的儿孙们，倒座即南房，常用作书房或客厅。按“正房与倒座视线不能相通”的习俗，往往会在庭院中靠近倒座的一侧，装设屏门或木影壁。

规模较大的四合院常附有花园，而且多建于四合院的后面或侧面，其间以墙门与住宅相通。北京地处华北平原的北端，地形起伏很小，宅第又不准私自引水修筑水池，所以往往采用建筑物的错落有致，回廊的旋回曲折，亭阁山石的巧妙布设，来营造花木扶疏、亭台掩映、曲径通幽的宁静气氛。在四合院住宅的四周，都由各座房屋的后墙及围墙封闭，墙壁和屋顶都比较厚重，全不对外开设窗户。

四合院中的庭院是整个房屋布局的中心，这里不仅是采光、通风、家人交通的枢纽，也是休息和做家务，如夏日乘凉或晾衣晒物等的场所。有的还种植一些花木或陈设鱼缸、盆景，构成一个安静舒适的环境。在室内则设有暖炕，以供取暖。对于气候比较寒冷的北方，四合院确实是一种既富有民族特色又宁静实用的住宅建筑。遍布在北京老城中的数十条胡同，犹如人体中的血脉，将北京城这许许多多连片，又呈灰色调而低矮的四合院串成一个整体，更烘托出了宫殿的气势恢宏、雄伟高大、壮丽辉煌。

四合院大门两侧的楹联往往是主人寄托思想感情、修身齐家、憧憬未来的所在，极具深意，回味无穷。究其字体则真、草、隶、篆皆有，流派则欧、柳、颜、王、赵俱备，集文学和书法艺术于一体。试举几例：

“汉瓦当文延年益寿，周铜盘铭富贵吉祥。”瓦当是圆筒状屋瓦顶端，汉代瓦当上多有篆书“延年益寿”“长乐未央”字样。周代的青铜器上则多铸有“富贵吉祥”铭文。此联以金文篆写，并借以表达主人祈福心愿。

“福荫芝兰秀，寿开棠棣荣。”芝和兰均系香草，棠棣即郁李，寓意福寿双全。古人常以“芝兰”喻君子，“棠棣”喻兄弟。

“卜居积水，世守研田。”上联表宅居风光秀丽的积水潭畔；下联则谓主人乃世代书儒，书香门第。“研”通“砚”，“砚田”即砚台。砚系文人笔墨生涯中不可或缺的工具，故又称“笔耕”。

“温恭有礼，春秋鬯（同“畅”）怀。”则表明主人的待人处世之道和做人的坦荡胸怀。

景色绮丽的宫苑

每当人们在景山之巅的万春亭上，俯视那格局严谨、金光闪烁的“宫殿之海”时，都不免会被那波光潋滟，柳丝拂岸，掩映着绚丽多姿的亭台楼阁所吸引。这便是紧靠紫禁城西侧的宫苑。

远在数千万年以前的第三纪，自发生喜马拉雅抬升运动以来，太行山和燕山山地都加快了上升的速度，而山前平原地区则相对下沉，并堆积下了巨厚的第三纪沉积层。随后，由山地河流冲下来的大量洪积冲积物又在第三纪沉积层之上，堆积成属于第四纪的大小不等的山前冲积扇和广阔的华北大平原，永定河冲积扇及其冲积平原便是其中的一部分。

永定河冲积扇以西山山口的石景山附近为顶点，向东北、东、东南三个方向呈辐射倾斜低落。根据钻探结果，冲积扇的厚度达

200～300米。其底部组成物质为疏松的厚层卵石、砾石，愈近地面，物质愈细。冲积扇顶端物质较粗大，愈向平原愈细。

而自晚更新世以来，永定河在其自身的发育过程中，由于受新构造的影响，曾经在冲积扇和冲积平原上摆动，其方向大体是由东北的清河故道，逐步转而流向东南。到了北魏时期，永定河已经以㶟水为名，流经今北京城南部流向东南，即今凉水河故道。到了明代中叶，又移到了河北省新城、雄县一带，夺取了白沟河道。此后，又由西南退向正南，逐步退到了现今的位置。

史书所记载的古高梁河，其上源即今北京西直门外紫竹院湖泊的前身，水沿天然地势经今白石桥、高梁桥至德胜门水关，转向东南，再经积水潭、北海、中南海、龙潭湖，流向十里河村东南，与㶟水故道相合。据钻孔资料分析，其在前门至北京供电局附近的河道宽度曾达到600米。也因于此，今日所见的什刹海、北海，乃至中南海，这串珠般的天然湖泊，原是古高梁河改道之后遗留下的。早在12世纪金海陵王定鼎中都时，便发士卒凿池掘土，开挑海子，积土成山，并栽植花木，营建宫苑，为游幸之所。700多年前元朝统治者在金中都城东北郊外初建大都城时，就把这一带天然湖泊和城市的平面设计结合起来，并且在紧傍湖泊的东岸确定了全城的南北中轴线。也由于这个地理上的原因，才使元大都的平面布局，在实现《周礼·考工记》所规定的理想设计时有所变通，形成了特有的格局。明建北京城，又把紧傍紫禁城西侧的南海、中海和北海辟为西苑，形成了以团城为枢纽的皇家园林。这一片南北相连的宫苑，犹如一块硕大无比的“翡翠”。它不仅滋润着北京城的环境，调节着北京城的小气候，而且与巍峨高大、富丽堂皇的宫殿互相映照，构成了一幅绝妙的风景画。

时至今日，凡是来北京参观过的人，无论是国家领导人，抑或是博学之士，都不曾吝啬过他们的赞美之词。

丹麦一位著名的建筑和城市规划师瑞思穆森说："北京，古老的都城，可曾有过一个完整的城市规划的先例，比它更庄严、更辉煌的吗？""整个北京城乃是世界的奇观之一。它的平面布局匀称而明朗，是一个卓越的纪念物，象征着一个伟大文明的顶峰。"

曾经主持美国古都费城的城市规划达二十年之久，并做出过重要贡献的城市规划大师 E.N. 培根则说："这座城市，一座宫殿。""在地球表面上，人类最伟大的建筑工程可能就是北京城了。这个中国城市是作为封建帝王的住所而设计的。它企图表示出这里乃是宇宙中心，整个城市默默地沉浸在礼仪规范和宗教的意识形态之中。当然，这些都和我们今天无关了。虽然如此，它的平面设计是如此的杰出，这就为今天的城市提供了丰富的思想源泉。"

正是我们的祖先，他们以"天人合一"的理念，怀着对大自然的谦恭情怀，以大手笔规划建设了北京城，为我们留下了这份弥足珍贵的文化遗产。

"留住历史，延续文脉。"我们要像爱惜自己的生命一样爱护我们伟大社会主义祖国的首都，保护好我们的北京老城！

附表一　中国历代都城一览表

朝代	年代	都城名	现址	所在流域	历史文献依据
夏	约公元前2070—前1600年	阳城 斟鄩	河南登封告成镇 河南巩义	伊、洛河谷平原	《史记·周本纪》：“自洛汭延于伊汭，居易毋固，其有夏之居。”1959年考古发掘。
商	公元前1600—前1046年	亳	河南偃师	黄河中游河谷	《汉书·地理志》：“（河南郡偃师）尸乡，殷汤所都。”1983年考古发掘报告。
		殷	河南安阳	黄河下游平原 安阳河畔	《古本竹书纪年》：“自盘庚徙殷至纣之灭，二百七十三年，更不徙都。”
周	公元前1046—前256年	丰镐	陕西西安西南	沣水河畔（关中平原）	《毛诗》郑笺:“丰邑在沣水之西，镐京在沣水之东。”
		洛邑	河南洛阳	洛水河畔（洛阳盆地）	《史记·周本纪》
秦	公元前221—前206年	咸阳	陕西咸阳	渭水河畔（关中平原）	《史记·秦始皇本纪》：“咸阳故城亦名渭城……秦孝公已下并都此城。”
西汉	公元前206—公元25年	栎阳 长安	陕西西安	渭水河畔（关中平原）	《汉书·高帝纪》：“七年（公元前200）二月，自栎阳徙都长安。”
东汉	25—220年	洛阳	河南洛阳	洛水河畔（洛阳盆地）	《后汉书·光武帝纪》:“建武元年十月，车驾入洛阳，幸南宫却非殿，遂定都焉。”
西晋	265—317年	洛阳	河南洛阳	洛水河畔（洛阳盆地）	《晋书·地理志》：“晋仍居魏都（指魏都洛阳）。”
		长安	陕西西安	渭水河畔（关中平原）	《晋书·愍帝纪》：愍帝讳邺，初封秦王。永嘉六年（312）为皇太子，登坛告类，建宗庙社稷于长安。建兴元年（313）三月即皇帝位，称长安为京都、京师。
东晋	317—420年	建康	江苏南京	长江下游平原	《晋书·元帝纪》：建武元年（317）即晋王位，改元。立宗庙社稷于建康。大兴元年（318）三月即皇帝位，称建康为京师。
隋	581—618年	洛阳（东京）（东都）	河南洛阳	洛水河畔（洛阳盆地）	《隋书·炀帝纪》：“大业元年（605）三月丁未，诏尚书令杨素、纳言杨达、将作大匠宇文恺营建东京……徙天下富商大贾数万家于东京。”大业五年（609）春正月，改东京为东都。

（续表）

朝代	年代	都城名	现址	所在流域	历史文献依据
唐	618—907年	长安	陕西西安	渭水河畔（关中平原）	《新唐书·高祖纪》："武德元年（618）五月甲子，即皇帝位于太极殿。"仍以长安大兴城为都。
		洛阳	河南洛阳	洛阳盆地	《旧唐书·则天皇后纪》
北宋	960—1127年	汴梁（汴京）（东京）	河南开封	黄河中游平原	《宋史·地理志》："东京，汴之开封也。梁为东都，后唐罢，晋复为东京，宋因周之旧为都。"
南宋	1127—1279年	临安	浙江杭州	钱塘江下游平原（杭嘉湖平原）	《南宋古迹考》：宋行在十三门，《咸淳志》载绍兴二年（1132）霖雨城坏。二十八年（1158）增筑内城及东南之外城，附于旧城。
		福州	福建福州	闽江下游平原	《宋史·瀛国公纪》：德祐二年（1276）五月立昰于福州。
元	1206—1368年	大都	和林	蒙古鄂尔浑河东	《元史·地理志》："太祖十五年（1220），定河北诸郡，建都于此。"
			北京	永定河洪冲积平原	《元史·世祖纪》：至元四年（1267）正月"城大都"。至元九年（1272）二月，改中都为大都。
明	1368—1644年	北京	北京	永定河洪冲积平原	《明史·成祖纪》：永乐元年（1403）正月，"以北平为北京"。永乐十八年（1420）九月，诏自明年改北京为京师。
清	1616—1911年	北京	北京	永定河洪冲积平原	《清史稿·世祖本纪》：顺治元年（1644）六月，"定议建都燕京"。七月，"以迁都祭告上帝、陵庙"。
中华民国	1912—1949年	南京	江苏南京	长江下游平原	
中华人民共和国	1949—	北京	北京	永定河洪冲积平原	

附表二　北京历代沿革简表

时期	年代	所属行政单位	历史名称	所在地
商、西周	公元前 1600—前 771 年	蓟、燕（晏）	蓟、燕（晏）	今北京市西城区广安门一带、琉璃河董家林
春秋	公元前 770—前 476 年	前期属蓟，后期属燕	蓟	今北京市西城区广安门一带
战国	公元前 475—前 221 年	燕	蓟	今北京市西城区广安门一带
秦	公元前 221—前 206 年	燕	蓟	今北京市西城区广安门一带
西汉	公元前 206—公元 25 年	燕国、幽州、广阳郡（国）	蓟	今北京市西城区广安门一带
东汉	25—220 年	幽州、广阳郡（国）	蓟	今北京市西城区广安门一带
三国	220—265 年	幽州、燕国	蓟	今北京市西城区广安门一带
晋	265—420 年	幽州、燕国	蓟	今北京市西城区广安门一带
北魏、北齐、北周	386—581 年	幽州、燕郡	蓟	今北京市西城区广安门一带
隋	581—618 年	涿郡	蓟	今北京市西城区广安门一带
唐	618—907 年	幽州、范阳郡	蓟	今北京市西城区广安门一带
五代（后梁、后唐）	907—936 年	幽州、范阳郡	蓟	今北京市西城区广安门一带
辽	936—1122 年	南京道、幽都府 燕京道、析津府	南京或燕京，城内附：幽都县（后改析津县）、宛平县	今北京市西城区广安门一带
宋	1122—1125 年	燕山府	燕山府，附析津县、宛平县	今北京市西城区广安门一带

（续表）

时期	年代	所属行政单位	历史名称	所在地
金	1125—1215 年	中都大兴府	中都，城内附：大兴县、宛平县	今北京市西城区广安门一带
元	1215—1368 年	前期称燕京，1264 年改为中都大兴府，1271 年改为大都	大都（前称为燕京、大兴府或中都大兴府），城内附：大兴县、宛平县	安贞门、健德门至今东西长安街南侧一线
明	1215—1368 年	1368—1462 年为北平府，1463—1644 年为北京顺天府，城内附：宛平县、大兴县	北平府或北京顺天府，城内附：宛平县和大兴县	1371 年将元城北墙内缩五里；1553 年在南城外增筑外城，扩至今永定门一线
清	1644—1911 年	京师顺天府	京师、顺天府，城内附：大兴县、宛平县	
民国	1912—1949 年	京兆（1912—1927）北平（1928—1949）	京兆或北平，城内附：宛平县、大兴县	
中华人民共和国	1949—	北京		

附表三　北京中轴线建筑一览表

建筑名称	建成年月	建筑形制	建筑尺寸	建筑物名称的文化含义
永定门	始建于明嘉靖三十二年（1553），清乾隆年间修筑箭楼	由城楼、瓮城、箭楼组成。城楼为重檐歇山顶三滴水楼阁式（宽 24 米，深 10 米）	城楼通高 26 米，面阔 7 间（24 米），进深 3 间（10.5 米），灰筒瓦绿剪边。箭楼为单檐歇山顶，正面宽 12.8 米，箭窗 4 层，每层 7 孔	取“天下安定”之意。 1950 年为通北京环城铁路，将瓮城拆除；1957 年为扩充永外交通，城楼被拆除。2004 年开始重建城门楼（瓮城、箭楼未建）
天桥	建于明嘉靖年间	原有一座单孔汉白玉石拱桥。现为近年重建		为封建帝王去天坛、先农坛祭祀的重要通道，故名“天桥” 清光绪三十二年（1906）为适应南北交通，遂将桥身降低；1929 年为通有轨电车，遂又降为平桥；1934 年展筑正阳门至永定门马路时拆除埋于地下
正阳门（前门）	始建于明永乐十九年（1421），明正统元年（1436）重建	由五牌楼、正阳桥、瓮城、箭楼、城楼组成。城楼为重檐歇山顶三滴水楼阁式。往北与大清门（大明门、中华门）之间为棋盘街。曾于清乾隆四十年（1775）修葺并加石栏，中铺御路	城楼通高 42 米，面阔 7 间，灰筒瓦绿剪边，箭楼通高 36 米，东、南、西三面开箭窗。南面 4 层，每层 13 孔，东面两侧各 4 层，每层 4 孔连北厦二孔共 86 孔	正阳门位于内城南垣的正中，明初延续元代之名，称“丽正门”，取《周易》：“日月丽于天，百谷、草木丽于土，重明丽乎正，乃化成天下。” 明正统元年（1436）重建，以“日为众阳之宗”，认为人君之象，更名“正阳门”。因而有“国门”之誉，所以较内城其他八门规格都高大。 瓮城在 1915 年拆除，并由德国人罗斯格·凯尔改建正阳门道路和箭楼，增加了西洋色调和建筑风格。 瓮城内原有观音庙（东）、关帝庙（西），于 1967 年拆除
大清门（大明门、中华门）、千步廊	始建于明永乐十五年（1417），清乾隆年间重建	单檐歇山顶、上覆黄琉璃瓦、脊兽，门前置石狮、下马石各一对，后被拆除	门 5 间，中辟三券门，高度约为 16.57 米。	为皇城正南门，两侧有传说为明朝进士解缙题写的楹联：“日月光天德，山河壮帝居。”千步廊长 545 米，宽 62 米，共 144 间（110+34）

（续表）

建筑名称	建成年月	建筑形制	建筑尺寸	建筑物名称的文化含义
天安门	始建于明永乐十五年（1417），清顺治八年（1651）重建	重檐歇山顶，上覆黄琉璃瓦、脊兽，门前置石狮、华表各一对	面阔 9 间，通高 33.7 米，中辟五券门，进深 5 间，寓意“九五之尊”	为皇城南垣正中门。门外有外金水桥（五道），意为“承天启运，受命于天”。明嘉靖年间曾称“承天门”。清顺治年改建后改称“天安门”。（“金凤颁诏”，即向全国颁诏）在大清门与天安门之间原有长达545米的“千步廊”（于 1915 年被拆除）。千步廊外，东侧是“宗人府、兵部、吏部、户部、礼部、工部和鸿胪寺、钦天监”等；西侧是“中军都督府、左军都督府、右军都督府、前军都督府、后军都督府、锦衣卫”等，即所谓的“五部六府”
端门	始建于明永乐十八年（1420）	重檐歇山顶，上覆黄琉璃瓦，形制与天安门同	建筑结构及风格与天安门相同。	端门是皇帝至尊的象征，礼仪之门，其中门只有皇帝出行时才开
紫禁城	始建于明永乐四年（1406），明永乐十八年（1420）基本建成	占地 72 万多平方米，屋宇 9000 余间，建筑面积 15 余万平方米。墙外有宽 52 米的护城河（俗称筒子河）		整座宫城之称“紫禁城”乃与天上的“紫微宫”相对应。分外朝（太和殿、中和殿、保和殿）和内朝（乾清宫、交泰殿、坤宁宫）两大部分，其后则是御花园
午门	始建于明永乐十八年（1420），清顺治四年（1647）重修	重檐庑殿顶，覆黄琉璃瓦	面阔 9 间，进深 5 间，以示“九五之尊”，通高 38 米。城台呈“凹”字形，台高 13 米，开 3 个外方内圆的券洞门，东西两侧还辟有小门	午门即古时的阙门。北京紫禁城沿袭了南京故宫午门为宫门正门的建制。“凹”字形城台使之显得更加深邃、森严。明清时常在午门前举行“献俘”仪式或对忤旨大臣进行廷杖

（续表）

建筑名称	建成年月	建筑形制	建筑尺寸	建筑物名称的文化含义
太和殿	俗称金銮殿，始建于明永乐十八年(1420)，康熙时重建	重檐庑殿顶，覆黄琉璃瓦，面积2377平方米	面阔11间，进深5间，高35米（若加上8米高的3层露台，高43米）	初名奉天殿，明嘉靖时曾改皇极殿，清顺治时改太和殿，它与中和殿、保和殿一起建在高约8米的3层汉白玉、呈“土”字形的台基上，以示“土中”。 太和殿垂脊兽多达11个，乃是中国古代宫殿建筑中的孤例，是皇帝登基、庆典、向全国发布政令的地方
中和殿	明初称华盖殿，嘉靖时改中极殿，清顺治年改今名，乾隆年重修	单檐四角攒尖，顶平呈四方形，上覆黄琉璃瓦，中置镏金宝顶	面阔、进深各为3间，通高19米	中和殿是一处为皇帝在太和殿正式活动做准备的场所，或在去太和殿前在此小憩，接受内阁、礼部及侍卫执事人员等的朝拜。每逢加皇太后徽号和各种大礼前一天，皇帝也在此阅览奏章和祝词
保和殿	始建于明永乐十八年(1420)，初名谨身殿，明嘉靖年改称建极殿，清顺治年改今名，乾隆年重修	重檐歇山顶，上覆黄琉璃瓦	面阔9间，进深5间。保和殿后的大石雕，重300吨，雕九龙戏珠	其功能与中和殿类似，明时举行册立皇后、太子典礼之前，皇帝要在此穿戴衮服以示隆重。清代每年除夕在此设宴，招待进京贺年的蒙古王公，也是殿试的所在
乾清宫	建于明永乐十八年(1420)，清嘉庆三年（1798）重修	重檐庑殿顶，上覆黄琉璃瓦	面阔9间，进深5间，高24米，是后寝最高最大的宫殿	殿中设金漆宝座，上悬“正大光明”匾。是明永乐帝到清康熙帝的寝宫
交泰殿	建于明代，清嘉庆三年（1798）重修	四角攒尖顶，平面呈方形，但小于中和殿，上覆黄琉璃瓦	面阔、进深各3间	明代这里是皇后的寝宫之一，清代皇帝把它改成行礼殿，凡封皇后，授皇后“册”“宝”等仪式和皇后诞辰礼都在此举行。清乾隆十三年(1748)代表封建皇权的二十五方“宝玺”收藏于此
坤宁宫	建于明永乐十八年(1420)，清顺治十二年（1655）重建		面阔9间，进深5间，通高20.54米	明代这里是皇后的正寝。清代改为祭神场所，东暖阁为皇帝大婚的洞房，康熙、同治、光绪三帝均在此举行婚礼

（续表）

建筑名称	建成年月	建筑形制	建筑尺寸	建筑物名称的文化含义
神武门（明称玄武门）	始建于明永乐十八年（1420），清康熙年重修并改今名	重檐歇山顶，覆黄琉璃瓦	面阔7间，进深3间，高31.6米	玄武为古代北方的太阴之神；此方象水，故又称“水神”，是明皇宫灭火去灾的保护神
景山	堆于明永乐十八年（1420）	人工堆积的土山，清乾隆时建有富览、辑芳、万春、观妙、周赏五亭	山高45.7米，万春亭高17.4米，总高63.1米	原名万岁山，堆于元延春阁之上，意为“镇山”，清改名景山
寿皇殿	始建于清乾隆十五年（1750）	重檐庑殿顶，上覆黄琉璃瓦	面阔9间，进深3间，通高23.92米	殿仿太庙形制，专供皇室先祖影像之地
地安门（明称北安门）	始建于明永乐十八年（1420），清顺治九年（1652）重修	单檐歇山顶，中开三门为方形洞	面阔7间，通高11.8米，左右两侧原有雁翅楼（二层），民国年间拆除	它与南面的天安门相对应，左为东安门，右为西安门
万宁桥（俗称后门桥）	始建于元代，位居大天寿万宁寺之前（南）	单孔汉白玉石拱桥		位于大天寿万宁寺和中心阁之南，所以称“万宁桥”。2000年在侯仁之先生的建议下进行了全面重修
鼓楼	明永乐十八年（1420）建，清嘉庆五年（1800）重修	重檐歇山顶，面阔5间，灰筒瓦	木结构拱券式楼阁（外观两层，实为三层），通高46.7米	为明清两代击鼓报时的中心（旧址为元万宁寺中心阁。）
钟楼	明永乐十八年（1420）建，清乾隆九年（1744）重建	灰筒瓦绿剪边，重檐歇山顶，四面开券门	通高47.9米，无梁拱券式	

古都探寻之旅

手绘 吴昊

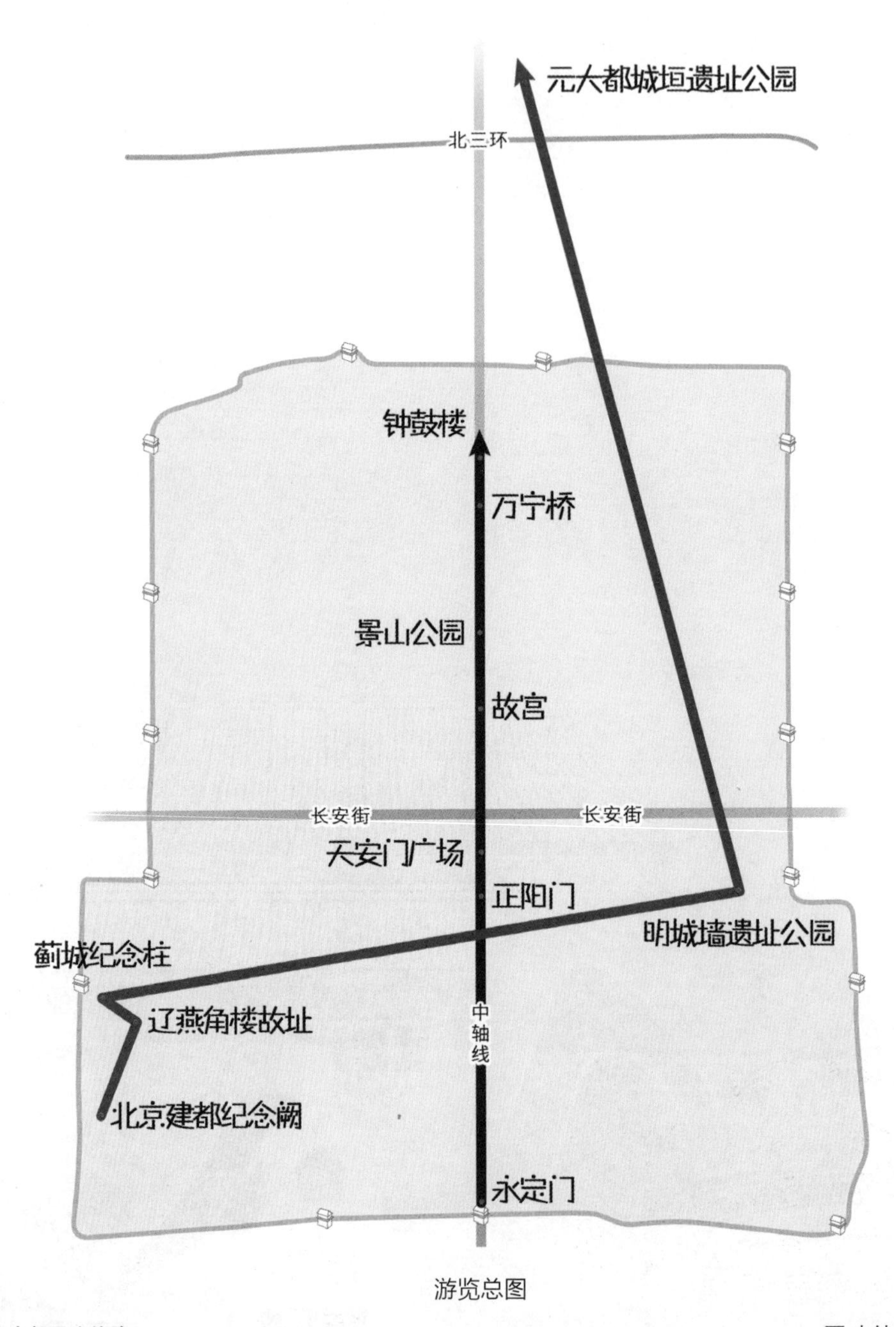

游览总图

■ 古都寻迹线路 ■ 中轴概览线路

注：景点介绍依据其所在地理位置摆放，大致与手绘街区地图匹配。受篇幅所限，手绘图与推荐游览顺序存在不一致的情况，请参照序号对应推荐游览顺序。此外，景点可能基于修缮、布展、改扩建等原因短期闭馆，建议读者提前查阅最新信息，再前往参观。

一、古都寻迹线路

⑤ 元大都城垣遗址公园

④ 明城墙遗址公园

③ 蓟城纪念柱

② 辽燕角楼故址

① 北京建都纪念阙

③

蓟城纪念柱

地址：西城区广安门北街滨河公园内

简介：蓟城在今广安门内外一带，是公元前1046年北京建城之始和金天德五年（1153）金国建都的肇始之地。蓟城纪念柱建于1995年，参照北京现存最古老的汉代墓表式样，整体用花岗石建造，柱身呈圆角长方形，高8.5米，底座高1.5米，高矗于方形台基之上。著名历史地理学家、北京大学教授侯仁之先生亲自撰写的《北京建城记》镌刻在柱前的石碑上。

由广安门桥北进入滨河公园，向北参观蓟城纪念柱，也可向南参观北京建都纪念阙。

①

北京建都纪念阙

地址：西城区白纸坊桥北滨河公园内

简介：金中都城是北京城市发展史上的一个重要阶段。今白纸坊桥北的营城建都绿廊内矗立着一座用青铜构筑的北京建都纪念阙。阙由中国古建筑中最具代表性的斗拱和4根方形铜柱、4条铜坐龙构筑而成，总高12.8米，占地面积760平方米。历史上的金朝系源自松花江流域的女真人所建。金天德五年（1153）海陵王迁都燕京，纪念阙就建在金宫大安殿的遗址之上。阙东侧有侯仁之撰写的《北京建都记》碑文。

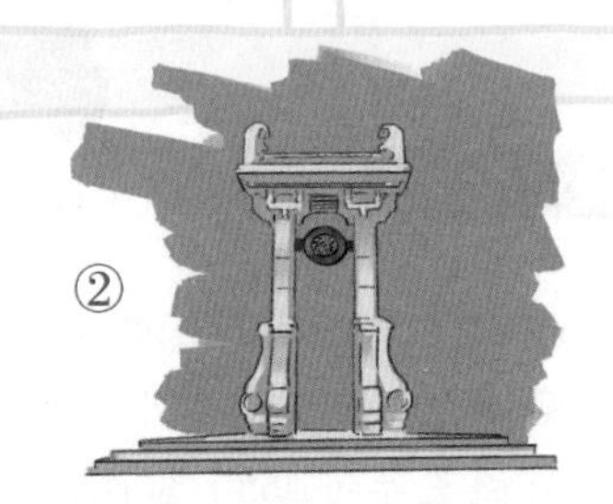

辽燕角楼故址

地址：西城区北线阁与南线阁交叉口东南五十米

简介：唐代，北京称幽州城。辽升幽州为南京，始建陪都，又称燕京。从此，揭开了北京首都地位的序曲。燕角楼是辽南京城子城（皇城）东北角的角楼，燕角谐音烟阁、线阁，成为北京最古老的南线阁胡同和北线阁胡同。燕角楼牌楼式纪念物用白色大理石建造，玺文体的“燕”字与金文体的“角”字配以云纹图案，线条优美、落落大方，给人一种古朴雄浑的感觉。

位于广安门南线阁街北口东南角，可顺便参观位于登莱胡同29号的宝应寺。

元大都城垣遗址公园

地址：朝阳区安外小关街甲 38 号

简介：元大都城始建于蒙古至元四年（1267），全部用土夯筑而成，故名土城。1988 年，在蒙古大都北城墙遗址的基础上兴建遗址公园，2003 年进行了大规模改造。元大都城垣遗址公园呈狭长带状，全长 9 千米，内有水关遗址。公园中“蓟门烟树”“大都建典”“古垣新韵”“大都盛典”“龙泽鱼跃”五大节点把朝阳段和海淀段连接起来。现为全国重点文物保护单位。

元大都城垣遗址是全国重点文物保护单位，除北城墙外，还有西城墙北段有所遗存，位于海淀区明光村一带。

明城墙遗址公园

地址：东城区崇文门东大街 9 号

简介：历史上明城墙全长 25 千米，始建于明永乐十三年（1415）。东南角楼始建于明正统元年（1436），现为全国重点文物保护单位。现存崇文门至东南角楼一线的城墙遗址全长 1.5 千米，是原北京内城城垣的组成部分，也是北京城的标志。园内有“老树明墙”“残垣漫步”“古楼新韵”“雉堞铺翠”等景观，充分展现古都明城墙的文化内涵和历史风貌。

位于崇文门东路北侧，北京站的南侧，是目前北京城唯一保留的一段明代城墙，可顺便参观东便门角楼。

二、中轴概览线路

⑦ 钟鼓楼
⑥ 万宁桥
⑤ 景山公园
④ 故宫
③ 天安门广场
② 正阳门
① 永定门

正阳门

地址：天安门广场南端，前门大街北侧

简介：正阳门，俗称前门，是内城九门中建筑规模最大的一座城门。明永乐年间将元大都城垣南移时，丽正门也向南移建，于明永乐十九年（1421）竣工，仍沿用元代旧称。明正统四年（1439）重建城楼，为加强防御，增修箭楼、瓮城、东西闸楼，更名为正阳门。八国联军入侵北京时，正阳门城楼、箭楼被毁，清光绪三十二年（1906）得以修复。1915年，在朱启钤的主持下拆除瓮城和东西闸楼。正阳门是全国重点文物保护单位，城楼上有正阳门历史文化展。

每年春夏时节，在这里可以看到唯一被冠以北京名字的鸟——“北京雨燕”。

永定门

地址：东城区永定门内大街南端

简介：永定门城楼始建于明嘉靖三十二年（1553），嘉靖四十三年（1564）补建瓮城，清乾隆十五年（1750）增建箭楼并重修瓮城。永定门是北京外城七门中最为高大的一座城门，寓意皇都永远安定，系北京中轴线南端的重要标志性建筑。20世纪50年代，为改善交通，永定门瓮城、箭楼和城楼先后被拆除。2005年，永定门城楼在原址复建，现辟有永定门公园。

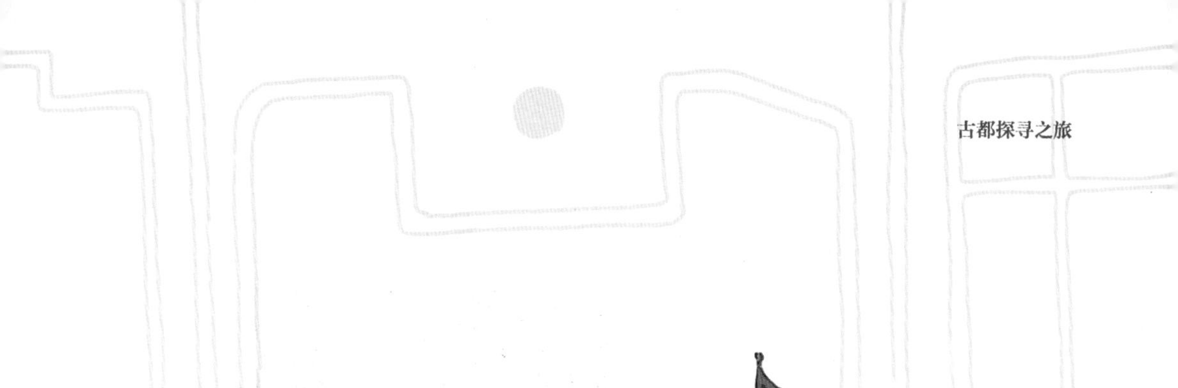

③

天安门广场

地址：东城区东长安街

简介：天安门广场北起天安门，南至正阳门，东起中国国家博物馆，西至人民大会堂，是世界上最大的城市广场。明清时期，现毛主席纪念堂的位置有一座大明门（清改称大清门），门以北为“T”字形宫廷广场——千步廊，庶民严禁入内；门以南为棋盘街，似一座平民广场。新中国成立之后，对其进行了改造，形成一座以人民英雄纪念碑为中心的人民广场。整个广场气势磅礴、布局严谨，既传承了北京中轴线深邃的文化内涵，又体现出了中国人民意气风发的精神面貌。

需携带身份证件进入天安门广场，按顺序安检。

⑤

景山公园

地址：西城区景山西街44号

简介：景山公园南与故宫神武门隔街相望，是明清两代的御苑，也是明清北京城的制高点。明永乐年间，在营建城池、宫殿、园林之时，将挖掘自紫禁城筒子河和太液池的泥土堆积成山，称“万岁山”。清顺治十二年(1655)，改名景山。乾隆十五年（1750），依山峰兴建五亭。现园内有绮望楼、五方亭、寿皇殿古建筑群等景点。景山是全国重点文物保护单位。

需提前一至七天在微信公众号“畅游公园”上预约购票。景山公园有东、南、西三个门可进入。

④

故宫

地址：东城区景山前街4号

简介：故宫位于北京中轴线的中心，旧称紫禁城，明永乐十八年（1420）建成，是明清两代的皇家宫殿。整个建筑金碧辉煌，庄严绚丽。中轴线上有三大殿、后三宫，东西对称的有文华殿与武英殿，协和门与熙和门，景运门与隆宗门等，布局严谨有序；城外有宽五十二米的护城河。故宫是中国现存最大、最完整的古建筑群，1987年被联合国教科文组织列入《世界遗产名录》。

需提前一至十天在“故宫博物院”官网或微信公众号“故宫观众服务”上预约购票。带好身份证件，从午门（南门）安检后进入故宫。

钟鼓楼

地址：东城区地安门外大街北端

简介：钟鼓楼是坐落在北京中轴线北端的一组古代建筑，始建于明永乐十八年（1420），为古代城市的报时台。钟楼在鼓楼北一百米左右，两楼前后纵置，巍峨壮观。在城市钟鼓楼的建置史上，北京钟鼓楼规模最大，形制最高，是古都北京的标志性建筑，现为全国重点文物保护单位。钟鼓楼及周边的胡同、院落，作为古都风貌的重要组成部分，具有独特的历史文化价值。

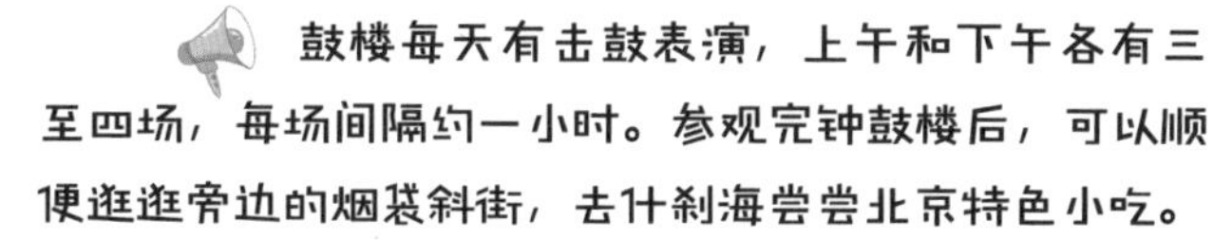

鼓楼每天有击鼓表演，上午和下午各有三至四场，每场间隔约一小时。参观完钟鼓楼后，可以顺便逛逛旁边的烟袋斜街，去什刹海尝尝北京特色小吃。

万宁桥

地址：西城区地安门外大街

简介：万宁桥是北京中轴线的重要节点，具有重要的历史文化价值。元初，忽必烈放弃金中都旧城，新建以琼华岛为中心的大都城。刘秉忠把原由古高梁河形成的大片水面，全部揽入城中。后郭守敬又引白浮泉开凿通惠河至通州，以通漕运并在出水口处建石桥即万宁桥。万宁桥曾于 20 世纪 90 年代末进行了大规模的修缮，发现并修复了元明两代的镇水石雕神兽“趴蝮”。